BARBARA FRETT

# DER PRAXISGUIDE HOME OFFICE

BARBARA FRETT

# DER PRAXISGUIDE HOME OFFICE

WAS ARBEITGEBER WISSEN SOLLTEN – ORGANISATION, ARBEITSZEITERFASSUNG, FALLSTRICKE UND MEHR

REDLINE | VERLAG

**Bibliografische Information der Deutschen Nationalbibliothek**
Die Deutsche Nationalbibliothek verzeichnet diese Publikation in der Deutschen Nationalbibliografie. Detaillierte bibliografische Daten sind im Internet über http://dnb.d-nb.de abrufbar.

**Für Fragen und Anregungen:**
info@redline-verlag.de

2. aktualisierte und erweiterte Auflage 2021


Türkenstraße 89
80799 München
Tel.: 089 651285-0
Fax: 089 652096



Im Buch wird – aus Gründen der einfacheren Sprache und ohne jede Diskriminierungsabsicht – ausschließlich die männliche Form verwendet. Grundsätzlich sind damit alle Geschlechter mit einbezogen.

Redaktion: Ulrike Kronek, Petra Lindner
Umschlaggestaltung: Marc Fischer
Umschlagabbildung: Shutterstock/ Rachata Teyparsit_ Top view of work desk with coffee headphone keyboard and mouse
Satz: Röser MEDIA GmbH & Co. KG, Karlsruhe
Druck: CPI books GmbH, Leck
Printed in Germany

ISBN Print 978-3-86881-792-8
ISBN E-Book (PDF) 978-3-96267-209-6
ISBN E-Book (EPUB, Mobi) 978-3-96267-210-2

# INHALT


**Vorwort** ........ 9

**Zu diesem Buch** ........ 15

**Homeoffice – eine Bestandsaufnahme** ........ 17
Was ist Homeoffice? ........ 17
Homeoffice aus historischer Perspektive ........ 20
Homeoffice ist auf dem Vormarsch ........ 22
Homeoffice in Krisenzeiten ........ 25
Homeoffice bei unseren Nachbarn ........ 28

**Homeoffice aus Sicht der Unternehmen** ........ 39
Argumente pro Homeoffice ........ 39
Nachteile von Homeoffice ........ 50
Für wen eignet sich Homeoffice und für wen nicht? ........ 52
Andere Herausforderungen bei der Arbeit im Homeoffice ........ 58

**Homeoffice einführen, aber richtig!** ........ 61
Sieben grundlegende Tipps ........ 61
Führen aus der Distanz – so geht's richtig ........ 66
Distant Socializing und Fit im Homeoffice ........ 70

**Rechtliche Aspekte des Homeoffice** ........ 79
Arbeitsschutz und Unfallverhütung ........ 81
Arbeitszeit ........ 86
Arbeitsvertrag beziehungsweise Ergänzungsvereinbarung ........ 88
Mitbestimmungsrecht ........ 94
Sozialversicherungsrecht ........ 96
Mietrecht ........ 97
Datenschutz ........ 98
Auftragsverarbeitung nach Art. 28 DSGVO ........ 98

**Steuerrechtliche Aspekte des Homeoffice** ............ 101
Überblick ............ 101
Kosten für das häusliche Arbeitszimmer als Werbungskosten ... 102
Vermietung des Heimarbeitsplatzes an den Arbeitgeber ....... 114
Steuerrechtliche Entwicklungen infolge
der Corona-Pandemie ............ 118
Weitere steuerliche Fragestellungen ............ 119

**Der Homeoffice-Arbeitsplatz** ............ 127
Ausstattung des Bildschirmarbeitsplatzes ............ 128
Technik und Kommunikation ............ 131

**Homeoffice aus Sicht der Mitarbeiter** ............ 141
Familie und Homeoffice ............ 142
Working Mum – Erfahrungswerte einer zweifachen Mutter
im Homeoffice ............ 149

**Checklisten für Arbeitgeber, Führungskräfte
und Mitarbeiter** ............ 153

**Homeoffice – Beiträge aus der Praxis** ............ 161
Silke Barthel, Personalleiterin ............ 161
Robert Spicker, Human Relations und Organisation .......... 163
Personalleiterin und HR-Interim Managerin mit langjähriger
Erfahrung auf europäischer Ebene, Frankfurt/Main .......... 165
Aus der Berufspraxis eines angestellten Steuerberaters ........ 166
Bereichsleiter während der Pandemie, HR & Legal .......... 169
Eric Klein Breteler, Unternehmer, Aachen und Niederlande ... 172
Ulrike Härtel, Berlin: Homeoffice –
warum wollen nur alle ins Homeoffice? ............ 177
Frank Bärmann, content & pr agentur conpublica:
Homeoffice ist gar nicht so einfach – ein Erfahrungsbericht ... 181
Gruppenleiterin, Nordrhein-Westfalen ............ 183
Fragen an einen Global Key Account Manager ............ 186
Fragen an einen IT Projektmanagers eines Software-
Dienstleisters, Bonn ............ 189

**FAQ zum Thema Homeoffice** ........ 193

**Zur Autorin** ........ 201

Danksagung ........ 203

**Link- und Quellenverzeichnis** ........ 205

**Stichwortverzeichnis** ........ 209

# VORWORT

Ende Oktober 2019 wurde ich vom Redline Verlag in München angesprochen, diesen Praxisratgeber zum Thema Homeoffice zu schreiben. Besonders vor dem Hintergrund, dass ich als Personalleiterin bereits langjährige Praxiserfahrung im Hinblick auf die Umsetzung von Homeoffice-Regelungen in Unternehmen habe und dieses Werk auch nicht zu kompliziert aufgesetzt werden sollte. Es sollte ein praktisches und nicht zu dickes Handbuch mit einigen Checklisten werden, das jeder Unternehmer und Entscheider gut versteht, um sofort mit der Umsetzung beginnen zu können.

Selbstverständlich habe auch ich über viele Jahre Diskussionen mit Geschäftsführern und Managern führen müssen, die das Thema »Homeoffice/remote work/mobiles Arbeiten« überhaupt nicht angehen wollten. Die physische Anwesenheit stand immer ganz vorne, das Arbeiten von zu Hause wurde als »nicht kontrollierbar« abgewunken und hatte sogar einen äußerst negativen Touch. Was ich persönlich sehr schade empfand.

Insofern war ich sehr glücklich darüber, dass ich vom Redline Verlag gefragt wurde, einen Ratgeber zu diesem Thema zu schreiben. Da ich Ende Oktober 2019 allerdings mitten im äußerst hektischen Jahresendgeschäft steckte, ab Ende Dezember 2019 eine Reise nach Australien zu Freunden und Familie plante, habe ich mir mit dem Schreiben und Zusammenfassen zunächst etwas Zeit gelassen. Die erste Auflage erschien dann zu Beginn des Jahres 2020. Dass dieses Buch kurz vor einer weltweiten Pandemie fertig gestellt würde, damit habe ich seinerzeit natürlich nicht gerechnet. Wir hörten in Australien zwar schon von einem Coronavirus, konnten zu dieser Zeit damit aber (noch) nicht viel anfangen.

Bedingt durch die Pandemie erhöhte sich die Nachfrage nach Inhalten zu Homeoffice und einer rechtlich korrekten Form des »mobilen Arbeitens« schlagartig. Viele Unternehmer, Personaler und Entscheider benötigten ganz schnell einen Praxisratgeber, um die Umsetzung in ihren Unternehmen schnellstmöglich voranzutreiben. Nach Erscheinen dieses Buches erhielt ich überwältigend viele Zuschriften sowie Anrufe von Unternehmern, Kollegen und Personalleitern und wurde zu Onlinevorträgen eingeladen, um aus meiner persönlichen Praxis darüber zu berichten, wie es zu diesem Buch kam.

Seit dem Erscheinen der 1. Auflage ist nun fast ein Jahr vergangen. 2020 wurde plötzlich zum Jahr des Homeoffice und auch das Jahr 2021 wird sich wohl ähnlich gestalten. Und der tolle Nebeneffekt ist: Viele Unternehmen sind in der Zeit nach Einführung des Homeoffice äußerst kreativ geworden. Sie bieten Onlineveranstaltung zu Teambuilding, virtuelle Kaffeepausen, Onlinebetriebssport oder auch Barbecues im eigenen Garten und vieles mehr an.

Durch die weltweite Pandemie mussten wir uns plötzlich auf eine völlig neue und ungewohnte Situation einstellen. Vieles, das einst als selbstverständlich galt, ist in dieser Ausnahmezeit nicht mehr möglich. Familie, Freunde und Kollegen, die wir sonst regelmäßig sehen und besuchen konnten, waren plötzlich nur noch telefonisch oder über Video-Call erreichbar. Den Kontakt zu älteren Familienmitgliedern sollte man gar zur Gänze einschränken.

Kurze Autofahrten über die Landesgrenze hinweg – ich lebe privat in den Niederlanden, im Dreiländereck der Region Aachen – oder internationale Reisen sind nur noch sehr eingeschränkt möglich. Man muss fast täglich die aktuellen Nachrichten verfolgen oder sich im Internet erkundigen, welche Reiseeinschränkungen aktuell vorliegen. Kunden aus Belgien, die zum Beispiel keine Onlinebewerbungsgespräche mit unseren Kandidaten führen wollten, also klassisch vor Ort ein persönliches Vorstellungsgespräch bevorzugten, müssen spezielle Bescheinigungen ausstellen, damit unsere Kandidaten bei Kontrollen die Landesgrenze passieren dürfen. Die meisten unserer Mandanten stellten sich jedoch schnell auf Homeoffice um und führten die Bewerberinterviews online. Ich habe während dieser Zeit viele Erfahrungsberichte von Arbeitgebern, Unternehmern und betroffenen Mitarbeitern zum Thema Homeoffice beziehungsweise »mobiles Arbeiten« sammeln können.

Die Pandemie hat uns vieles gelehrt und uns zu schnellem Handeln gezwungen. Einerseits haben wir durch diese plötzlich nötig gewordene Umstellung und schnellere Digitalisierung viel Neues dazugelernt, denn nie mussten sich Unternehmen in kürzester Zeit auf etwas völlig Unbekanntes einstellen. Etwas, das sie zuvor so noch nie erlebt haben. Zum anderen wurde das Thema »Homeoffice« plötzlich oberste Priorität in den Unternehmen und die Arbeitgeber waren dazu angehalten, das Thema umgehend umzusetzen. Viele Unternehmen verfügten noch nicht über die nötige IT-Infrastruktur oder die Möglichkeit, in so kurzer Zeit Laptops zu bestellen, die zeitweise sogar bereits ausverkauft waren. Diese Zeit verlangte uns allen viel ab und wir befinden uns immer noch in einem Lernprozess, aber letztendlich haben die meisten Unternehmen und Arbeitnehmer die Situation sehr gut gemeistert.

Ich erwähnte ja bereits, dass auf das Erscheinen der 1. Auflage meines Buches unglaublich viele Redaktion folgten – wir erhielten Anrufe, Emails und zahlreiche Rückmeldungen zu *Der Praxisguide Homeoffice*, selbst von Journalisten. Es freut mich ganz besonders, dass die Widerspiegelung jahrelanger beruflicher Praxis, die Berichte sowie die Checklisten den Nerv unserer Leser getroffen haben. Ein Handbuch, das verständlich ist und die wesentlichen Punkte nicht allzu kompliziert beschreibt.

Für mich war es im Jahr 2020 besonders spannend zu beobachten, wie sich das Thema Homeoffice in Zeiten der Pandemie etablieren konnte und welche Herausforderungen mit der Umsetzung einhergingen. Das Thema wird in den nächsten Jahren weiterhin stark an Bedeutung gewinnen, da bin ich mir sicher. Ich hoffe, dass Ihnen die Neuauflage eine große Hilfe bei der Einführung und Umsetzung von mobilem Arbeiten sein wird und dass Sie sich vielleicht in der ein oder anderen Situation wiedererkennen werden und feststellen, dass Sie mit gewissen Anfangsschwierigkeiten nicht alleine sind. Wir alle werden an den Herausforderungen dieser Pandemie wachsen und wir werden sie meistern.

An dieser Stelle möchte ich auch die Gelegenheit nutzen, um mich nochmal ganz herzlich für die vielen tollen Rückmeldungen und Ihre eigenen Praxisberichte zu bedanken. Homeoffice bringt nicht nur Vorteile mit sich. Aus diesem Grund ist es wichtig, auch über die Nachteile zu sprechen und diese hinreichend darstellen zu dürfen. Einige Praxisberichte zu diesem Thema habe ich nun auch in die 2. Auflage mitaufgenommen und wünsche Ihnen erneut viel

Spaß beim Lesen und Erfolg bei der weiteren Umsetzung in Ihrem Unternehmen.

Und bitte scheuen Sie sich nicht, mir zu schreiben! Ich freue mich über Ihre Zuschriften und Rückmeldungen. Meine persönlichen Kontaktdaten finden Sie am Ende des Buches oder Sie stellen Ihre Anfragen, Anregungen sowie Kommentare direkt an den Redline Verlag in München.

Viele liebe Grüße

*Barbara Frett*

# ZU DIESEM BUCH

Die zunehmende Digitalisierung, der Ruf nach Vereinbarkeit von Familie und Beruf und wechselnde Wohn- und Arbeitsorte sind Faktoren, die eine Ausweitung der Telearbeit sowohl ermöglichen als auch erfordern. Grundsätzlich ist das Arbeiten von zu Hause und von jedem Ort der Welt aus möglich. Aber wie kann das praktisch umgesetzt werden und welche Herausforderungen sind für Arbeitgeber und Unternehmer damit verbunden? Welche gesetzlichen Vorgaben sind zu beachten?

Immer wieder haben mich Personalleiter, Unternehmer, Manager und Mitarbeiter darauf angesprochen, ob es zum Thema Homeoffice nicht ganz einfache und pragmatische Hilfestellungen gibt, die eine Umsetzung ermöglichen, ohne dass man sich in den oft sehr komplexen juristischen Bereich einarbeiten muss, den man als Nicht-Jurist kaum bis gar nicht versteht.

Das vorliegende Buch wendet sich an Unternehmenschefs, Manager und Personalleiter. Mit Hilfe des Ratgebers können Sie sofort mit der Einführung und Umsetzung von Homeoffice in Ihrem Unternehmen beginnen. Ich wünsche Ihnen viel Lesevergnügen und hoffe, dass Ihnen dieser Praxisratgeber in Ihrer täglichen Arbeit weiterhilft!

# HOMEOFFICE – EINE BESTANDSAUFNAHME

## Was ist Homeoffice?

Homeoffice (oder Home-Office) ist kein neues Phänomen und wird beispielweise in der IT-Branche schon sehr lange Zeit angeboten. Die Arbeit im Homeoffice erfolgt per definitionem von zu Hause aus. Arbeitnehmer richten sich in ihrem Haus oder ihrer Wohnung einen Arbeitsplatz ein und können via PC/iPad oder Telefon ihre Aufgaben wie gewöhnlich bearbeiten und ihre Ziele mit dem Arbeitgeber absprechen.

Die Begriffe Telearbeit und Remote Work meinen hingegen schlicht, dass sich der Arbeitsplatz eines Mitarbeiters nicht in der Firma befindet. Es gibt drei verschiedene Arten von Telearbeit in Deutschland: vollständige Telearbeit, alternierende Telearbeit und mobile Telearbeit.

- **Vollständige Telearbeit**
  Der Mitarbeiter verbringt seine gesamte Arbeitszeit in der eigenen Wohnung. Ein Arbeitsplatz in der Firma existiert nicht.

- **Alternierende Telearbeit**
  Hierbei handelt es sich um die gängigste Form der Telearbeit. Der Mitarbeiter verfügt sowohl im Unternehmen als auch zu Hause über einen Arbeitsplatz. Er arbeitet teils von zu Hause im

Homeoffice und teils im Betrieb. Häufig wird der betriebliche Arbeitsplatz von mehreren Mitarbeitern abwechselnd genutzt. Das setzt natürlich eine enge und frühzeitige Absprache zwischen Arbeitgeber und Arbeitnehmer voraus.

- **Mobile Telearbeit**
  Der Mitarbeiter geht seiner Tätigkeit an variablen Orten nach. Sein Arbeitsplatz bewegt sich mit ihm und ist »mobil«. Beispiele finden sich im Vertrieb oder allgemein im klassischen Außendienst. Diese Mitarbeiter nutzen eine firmeneigene IT-Infrastruktur, um zum Beispiel auf Kundendaten zugreifen zu können.

Darüber hinaus bewährten sich besonders **hybride Arbeitsmodelle**. Wie kann man sich das vorstellen? Hierbei handelt sich um eine Kombination aus mobilem, »halbmobilem« und dem bürobasierten Arbeiten. So sind beispielsweise 60 bis 80 Prozent der Tätigkeit im Homeoffice zu erledigen und der Rest an einem Arbeitsplatz, der von mehreren Kollegen zugleich genutzt werden kann. Das ermöglicht, flexibel und ganz unabhängig von Arbeitsort und -zeit arbeiten zu können.

Infolge einer gut geplanten Arbeitsplatzbelegung können Projekt- und Teamarbeiten effizient durchgeführt werden und Führungskräfte ihre Mitarbeiter im persönlichen Kontakt fördern und unterstützen.

Wie es ist, in einem hybriden Arbeitsmodell tätig zu sein, darüber konnte ich mit einem Ingenieur sprechen, der zwei feste Homeoffice-Tage in der Woche zur Verfügung hat – je nach Bedarf mal mehr, mal weniger, um dadurch auch für Firmenkunden aus China und den USA erreichbar zu sein. Calls in die USA erfolgten

## Die verschiedenen Formen der Telearbeit:

**Die vollständige Telearbeit:**

- ✓ Arbeitsplatz nur zu Hause
- ✓ Kein Arbeitsplatz im Betrieb des Arbeitgebers

**Die alternierende Telearbeit:**

- ✓ Arbeitsplatz zeitweise im Büro des Arbeitgebers
- ✓ Arbeitsplatz zeitweise zu Hause, im Homeoffice

**Die mobile Telearbeit:**

- ✓ Wechselnde Arbeitsorte
- ✓ Arbeiten von unterwegs
- ✓ Arbeiten überwiegend im Außendienst

ob der Zeitverschiebung meist ab 19.00 Uhr. Er beginnt seinen Arbeitstag also spätvormittags, ist dafür aber abends für seine Ansprechpartner länger verfügbar. Die freie Zeit am Vormittag nutzt er zum Beispiel für sportliche Aktivitäten. An den Tagen, an denen er in der Firmenzentrale ist, gibt es einen Belegungsplan für die Büros und Schreibtische, in den man sich einträgt. Die Firma spricht hier von »rollierenden Arbeitsplätzen«.

Vorteilhaft kann dieses Modell auch dann sein, wenn ein Arbeitnehmer einen unzumutbar hohen Kostenaufwand für den Weg zur Arbeit hat, oder beispielsweise durch Kinder oder die Pflege von Familienangehörigen örtlich gebunden ist. Gerade in Bezug auf den Fachkräftemangel erschließen sich dadurch für Arbeitgeber neue Potenziale. Eine Win-Win-Situation für beide Seiten und das nicht nur aus wirtschaftlicher Sicht.

## Homeoffice aus historischer Perspektive

Das Arbeiten von zu Hause aus blickt auf eine lange Tradition. Bis vor 200 Jahren gingen Arbeit und Wohnen Hand in Hand. Besonders in den bäuerlichen oder handwerklichen Kleinbetrieben wohnten und arbeiteten gleich mehrere Generationen zusammen an einem Ort. Es gab keinen Unterschied zwischen dem Ort des Wohnens und dem Ort der Arbeit, wie wir das heute kennen.

Erst als mit den sogenannten Kontoren ein formeller Ort geschaffen wurde, zu dem man sich hinbewegen musste, um dort zu arbeiten, entwickelte sich allmählich eine räumliche Trennung zwischen Arbeitsort und Wohnung. Dieser Trend wuchs rasch mit der Industrialisierung. Nun gab es Orte, die täglich von vielen

Menschen aufgesucht wurden, um ihre Arbeit verrichten zu können. Diese Arbeitsplätze wurden geschaffen, weil die Maschinen schlicht zu schwer gewesen wären, um sie von Ort zu Ort zu bewegen, die Prozesse linear verliefen und sich die Kontrolle der Arbeitsprozesse einfacher gestaltete.

Es dauerte nicht lange und den Arbeitgebern kam wieder der Gedanke, bestimmte Arbeiten von zu Hause verrichten zu lassen, um an Arbeitsmitteln und Arbeitsplätzen zu sparen. Ein klassisches Beispiel hierfür ist das Weberhandwerk: Die Herstellung von Textilien geschah im 19. Jahrhundert oft in Heimarbeit, weil die Webstühle zu diesem Zeitpunkt noch von Hand betrieben werden mussten und daher in den Häusern der Menschen untergebracht werden konnten. Ein bekannter Ort für diese Art von Heimarbeit ist das Wuppertaler Viertel in Elberfeld, das den Spitznamen »Ölberg«« trägt. Hier lebten viele Weber, die von frühmorgens bis spätabends arbeiteten und die ihren Namen dem Umstand zu verdanken haben, dass deren Stuben von Öllampen erhellt wurden.

## ■ Aus der Heimarbeit ins Homeoffice

Seit Ende des 20. Jahrhunderts sind es vor allem die Unternehmen aus dem Dienstleistungssektor, die Mitarbeiter am Telearbeitsplatz beschäftigen. Hier sind zum Beispiel Mitarbeiter zu finden, die ausschließlich telefonieren (zum Beispiel Call-Center) oder schreiben (Schreibdienste). Solche Arbeiten können im Grunde von überall aus erledigt werden. Die Entwicklung wird durch die Verbreitung des Internets und der Mobilfunktechnologie unterstützt und vorangetrieben.

## Homeoffice ist auf dem Vormarsch

Angetrieben von Diskussionen über Umweltverschmutzung, Klimawandel oder Fachkräftemangel, verbunden mit der aktuellen politischen Debatte zur Corona-Pandemie und der voranschreitenden Digitalisierung, rückt das Konzept des Homeoffice immer deutlicher in den Fokus der Medien und Öffentlichkeit.

Auf der einen Seite suchen Unternehmen händeringend nach qualifizierten Mitarbeitern. Aus diesem Grund sind sie dazu bereit, neues Personal weit weg vom Unternehmensstandort zu rekrutieren und dafür einen Homeoffice-Arbeitsplatz anzubieten.

Auf der anderen Seite erfordern die täglichen Staus auf den Autobahnen und in den Städten, Ideen und Konzepte zu neuen Arbeitsplatz-Modellen. Denn die Mitarbeiter müssen von den Straßen geholt werden.

Dazu kommt die Tatsache, dass die Generation Z, die nun auf den Arbeitsmarkt strömt, oftmals einen großen Drang zu Flexibilität mitbringt, der dem klassischen Modell von der täglichen Fahrt zum Arbeitsplatz widerspricht. Viele aus dieser Generation sehen heute gar keine Notwendigkeit mehr, einen Führerschein zu machen. Diese jungen Nachwuchskräfte kann man als Unternehmen nur noch mit Homeoffice-Angeboten gewinnen.

## Homeoffice als Lösung für Stau- und Umweltprobleme

Rund 708.500 Staus bildeten sich laut ADAC-Stau-Datenbank im Jahr 2019. Die Gesamtlänge der Staus summierte sich auf rund 1.423.000 Kilometer – das sind zwar sieben Prozent weniger als im Jahr 2018, dafür mussten die Autofahrer aber deutlich länger im Stillstand ausharren. Die Gesamtdauer der gemeldeten Störungen stieg um knapp 14 Prozent auf 521.000 Stunden.

Im Schnitt rollte damit jeden Tag eine Blechlawine von mehr als 4.000 Kilometern über die deutschen Autobahnen. Eine der Hauptursachen scheint, neben dem Anstieg der Baustellenzahl um 20 Prozent gegenüber dem Vorjahr, vor allem die um gut ein Prozent gestiegene Kfz-Fahrleistung zu sein. (Quelle ADAC)

In Berücksichtigung dieser Zahlen dürfte jedem klar sein, wie sehr die täglichen Staus die Umwelt belasten. Im Jahr 2017 verursachte der Verkehr 38,3 Prozent der Emissionen von Stickstoffoxiden in die Luft. Hauptverursacher war der motorisierte Straßenverkehr.[1]

*Tägliche Staus auf deutschen Straßen.*

Politik und Industrie sind unter anderem aufgrund der aktuellen Diskussionslage gezwungen, nach Lösungen zu suchen, um die Schadstoffbelastung durch den Straßenverkehr zu reduzieren. Neben der Förderung von Elektromobilität sind vor allem Konzepte gefragt, die Pendler von den Straßen holen. Hierzu kann das Homeoffice einen wichtigen Beitrag leisten. Denn, wenn mehr Arbeitnehmer von zu Hause aus arbeiten, leeren sich die Straßen zunehmend. Diejenigen, die dann immer noch gezwungen sind, mit dem Auto zur Arbeit zu fahren, stehen dadurch nicht mehr so extrem in Staus beziehungsweise benötigen für ihren Weg zur Arbeit aufgrund des sinkenden Verkehrsaufkommens im Berufsverkehr weniger Zeit.

### Erfahrung aus der Praxis: COVID-19 und die Pendler

Ein Bekannter von mir aus den Niederlanden pendelt täglich von Landgraaf nach Utrecht. Die Fahrzeit pro einfache Strecke beträgt circa zweieinhalb Stunden.

Als im Zuge der Corona-Krise im Frühjahr 2020 massenhaft Mitarbeiter ins Homeoffice geschickt wurden, verringerte sich seine Fahrzeit plötzlich um 45 bis 50 Minuten, also rund um ein Drittel. Insgesamt sind das eineinhalb bis fast zwei Stunden Zeitersparnis pro Tag.

Auch ich erlebte in dieser Krisenzeit wenig bis kein Stauaufkommen und war schnell in meinem Büro beziehungsweise abends wieder zu Hause. Dieser Umstand ist freilich auf die anhaltende Corona-Krise zurückzuführen, zeigt aber auch, was möglich wäre, wenn Unternehmer künftig umdenken und einen Teil ihres Kollegiums vielleicht dauerhaft ins Homeoffice schicken würden.

Nicht umsonst fordert das Arbeitsministerium nachdrücklich einen Rechtsanspruch auf Homeoffice in Deutschland. Auch die Fraktion Bündnis 90/ Die Grünen im Bundestag stellte im September des Jahres 2019 den leider bisher erfolglosen Antrag auf einen Rechtsanspruch auf Homeoffice in Deutschland.

## Homeoffice in Krisenzeiten

Die Corona-Pandemie im Frühjahr 2020 zeigt, wie hilfreich es sein kann, wenn Mitarbeiter in den eigenen vier Wänden arbeiten können. In dieser Zeit der Krise werden plötzlich Homeoffice-Arbeitsplätze möglich, die vorher undenkbar waren – zum Schutz der gesunden und der erkrankten Mitarbeiter und ihrem engen Umfeld.

Selbst in Unternehmen, in welchen das Thema Homeoffice bisher kaum gelebt oder gar ausdrücklich untersagt wurde, war ein Umschwung zu beobachten. Das Arbeiten von zu Hause aus wurde plötzlich gefördert und war ausdrücklich erwünscht! Die Einführung von Homeoffice aus einer Krise heraus und ohne entsprechende Vorbereitung ist allerdings nicht ganz unproblematisch.

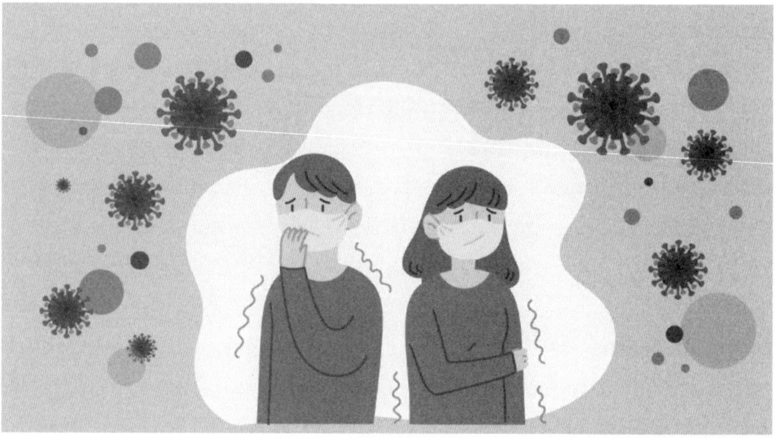

*Homeoffice als Krisenprodukt.*

In der Konsequenz kann es in Unternehmen zu Engpässen in Sachen Notebooks und Laptops kommen und die Netzwerke und Server plötzlich überlastet sein oder sogar zusammenbrechen.

Mein Tipp an dieser Stelle ist ganz banal: Denken Sie bereits **vor** Krisen an Vorkehrungen und stehen Sie dem Thema Homeoffice generell offen gegenüber.

**WICHTIG!**

Formulieren Sie für Krisenfälle eine Standardvereinbarung, die den Grund und die Dauer des Homeoffice-Einsatzes en détail festhält. Stellen Sie darin klar, dass daraus kein Anspruch auf dauerhaftes Homeoffice entsteht und dass das Homeoffice auf die Zeit der Krise befristet ist. Lassen Sie beide Parteien – Arbeitgeber und Arbeitnehmer – diese Vereinbarung unterschreiben.

Wenn Sie das Homeoffice, wie zum Beispiel während der Corona-Krise, für einen zeitlich begrenzten Zeitraum nutzen wollen, handelt es sich in der Regel nicht um Telearbeit im Sinne der Arbeitsstättenverordnung, sondern um sogenannte mobile Arbeit.[2] Eine gesonderte Regelung wie im Falle der Telearbeit gibt es für mobile Arbeit nicht. Hier gelten die allgemeinen Vorgaben des Arbeitsschutzgesetzes.

## Homeoffice bei unseren Nachbarn

Zu diesem Thema konnte ich mit meinem Freund Theo Boumans von Boumans & Partners Advocaten in Heerlen/Niederlande sprechen.

*Barbara Frett und Theo Boumans.*

### Niederlande

Unsere Nachbarn in den Niederlanden sind schon wesentlich weiter als wir in Deutschland. Dort besteht seit dem 1. Januar 2016 einen Rechtsanspruch auf Flexibilität am Arbeitsplatz. Ursprünglich war diese Änderung schon für den 1. Juli 2015 vorgesehen, aber auf Antrag des Ministers für Arbeit und Soziales wurde das Unterfangen auf Anfang 2016 verschoben, um den Arbeitgebern ausreichend Zeit zu geben, sich auf diese anstehende Rechtsänderung vorzubereiten. **Wet flexibel werken** (Wfw) (NL) heißt das Gesetz: Es enthält wesentliche Änderungen zur Anpassung der

Arbeitnehmer-Arbeitszeit. Ziel ist die Förderung der Flexibilität im Arbeitsleben.

Damit ist allerdings nicht gemeint, dass jeder Mitarbeiter automatisch einen Anspruch auf Homeoffice hat. Das »Gesetz über die Flexibilisierung am Arbeitsplatz« verpflichtet den Arbeitgeber lediglich dazu, einen Antrag auf Homeoffice, den jeder Mitarbeiter grundsätzlich stellen kann, ernsthaft zu prüfen und mit dem Arbeitnehmer darüber zu beraten. Tut er dies nicht, tritt die Veränderung des Arbeitsplatzes automatisch in Kraft.

Der Arbeitgeber sollte daher in jedem Fall eine Ablehnung umfassend darlegen und sehr gut begründen können. Im Übrigen haben Arbeitgeber immer eine Fürsorgepflicht gegenüber ihren Angestellten, auch wenn diese von zu Hause arbeiten.

Auch in der Umsetzung von Teilzeitjobs sind die Niederländer Vorreiter. In keinem anderen europäischen Land arbeiten so viele Arbeitnehmer in Teilzeit. Bereits in den 1990er-Jahren verabschiedeten die Niederländer ein Gesetz, das Arbeitnehmern die Reduzierung von Arbeitszeit zugesteht und Arbeitgeber verpflichtet, diesem Antrag auch zuzustimmen. Die Arbeitgeber sind seitdem verpflichtet, Teilzeit- und Vollzeitarbeitskräfte gleichberechtigt zu behandeln.

## ■ Belgien

Hierzu ein Statement von Paul Kittel, einem ehemaligen Kollegen und Weggefährten. Er ist als Personaldirektor des St. Nikolaus Hospitals in Eupen in der Deutschsprachigen Gemeinschaft in Belgien tätig.

*Paul Kittel: Homeoffice in Belgien.*

Auch in Belgien erfreut sich das Thema Homeoffice großer Beliebtheit:

> *»Wer einmal den allmorgendlichen Berufsverkehr auf Brüssels Straßen erlebt hat, weiß ein solches Angebot des Arbeitgebers sehr zu schätzen, die Erlaubnis für einen solchen Heimarbeits- oder Telearbeitsplatz zu erhalten. Und dies gilt nicht nur für Arbeitnehmer und Arbeitnehmerinnen in der belgischen Hauptstadt.*
>
> *Das belgische Verkehrsministerium hat im Jahr 2019 eine Studie veröffentlicht, nach der rund ein Sechstel der Personen, die einer zur Telearbeit geeigneten Tätigkeit nachgehen, effektiv*

*das Angebot nutzen. Das statistische Datenmaterial wird mit viel Akribie zusammengestellt und in regelmäßigen Abständen veröffentlicht. Für das Personalmanagement ist es insofern interessant, als dass die Zahlen vom Verkehrsministerium erhoben werden und sich intensiv mit der Verkehrssituation auf Belgiens Straßen auseinandersetzen.*

*Vielleicht liegt es daran, dass der Anteil der Telearbeit in den eher ländlich geprägten Regionen des Landes nicht weit verbreitet ist. Dabei liegt der Mehrwert der Telearbeit nicht nur in einem geringeren Verkehrsaufkommen, weniger Verkehrstoten oder gar kleinerem CO2-Footprint. Es wäre zu einfach, die Telearbeit auf den Umweltschutz und die Verkehrspolitik zu reduzieren.*

*Aus diesem Grund haben sich das Institut VIAS und das belgische Verkehrsministerium (SPF Mobilité et Transports) zusammengetan und die Website www.teletravailler.be ins Leben gerufen.*[3]

*Auf der Site wird den interessierten Lesern eine Menge von Informationen und Möglichkeiten vermittelt. Die Menge der statistischen Daten und Fakten zeigt, dass das Thema Telearbeit in Belgien kein Nischendasein fristet, sondern von den staatlichen Stellen als ein wichtiger Faktor für die Gestaltung der Zukunft der Arbeitswelt identifiziert wurde. Zwar ist man sich bewusst, dass man sich im Jahre 2020 noch im Mittelfeld der europäischen Länder bewegt, man hat sich aber klare Ziele gesetzt, dies in Zukunft zu verändern und zum Spitzenreiter Niederlande aufzuschließen.*

*Dies bedeutet besonders für das Personalmanagement eine Reihe von Herausforderungen und neuen, spannenden Gestaltungsmöglichkeiten. Da die Telearbeit in Belgien definiert und gesetzlich abgesichert ist, ja in letzter Konsequenz sogar steuerlich gefördert wird, wird sie auch immer mehr zum Qualitätsmerkmal familienfreundlicher und engagierter Unternehmen. Es ist eine Frage der Zeit, bis Firmen die Telearbeit als zusätzlichen Bestandteil der Arbeitnehmerbindung entdecken, weil immer mehr Menschen, besonders der jüngeren Generation, dies bei der Einstellung zu einem wichtigen Merkmal erheben. Auch dies geht aus der VIAS Studie hervor und gibt Anlass zum Optimismus, dass die Telearbeit in Belgien einige Plätze auf dem Weg an die Spitze gut machen wird.*

*Und wie gesagt: Die Einrichtung von Homeoffice-Arbeitsplätzen hängt nicht unwesentlich von den belgischen Personalmanagern und Personalmanagerinnen ab.«*

## Ist Homeoffice in Belgien in der COVID 19-Krise alternativlos?

*»Als ich Ende 2019 gebeten wurde, einige Zeilen zum Thema ›Homeoffice in Belgien‹ zu diesem Praxisratgeber beizutragen, fühlte ich mich geehrt und habe versucht, einige Tipps, zu erstellen.*

*Diese Tipps gelten im Prinzip noch immer:*
*In Belgien erfreut sich das Homeoffice wachsender Beliebtheit und immer mehr Arbeitgeber erkannten den Nutzen für das eigene Unternehmen. Personaler mussten jedoch immer noch*

*stark dafür werben. Im Jahr 2020 erreichte die COVID-19-Krise das Land und die Welt. Das Homeoffice wurde zunehmen alternativlos.*

*Es war wohl ein Zufall, dass ich damals als einer der ersten positiv getesteten Patienten Belgiens im St. Nikolaus Hospital in Eupen identifiziert wurde. Wenige Wochen später war die Möglichkeit, Homeoffice zu nutzen, keine Option mehr für Arbeitgeber und Arbeitnehmer, sondern in zahlreichen Unternehmen ein Teil der Überlebensstrategie und im Krankenhaus sogar ein gesetzlich geregelter Schutzmechanismus für Risikogruppen.*

*Anders als in verschiedenen Wirtschaftszweigen, in denen Umsätze wegbrachen und Arbeitnehmer in Kurzarbeit geschickt wurden, waren Krankenhäuser plötzlich einer neuen Situation ausgeliefert, die sie an den Rand der Belastungsfähigkeit brachten.*

*In beiden Fällen war Homeoffice zugleich Strategie für eine Aufrechterhaltung des Unternehmens in der Pandemiephase als auch Schutzfunktion für Mitarbeitende, auf die insbesondere in den Krankenhäusern nicht verzichtet werden konnte. Kultureller Wandel kann mitunter länger dauern. In diesem Falle jedoch wurde das Homeoffice durch die äußeren Umstände, ohne Einführungsphase oder geregelte Projektplanung, innerhalb von wenigen Tagen zum entscheidenden Faktor. An dieser Stelle sei darauf hingewiesen, dass Krankenhäuser nicht nur Pflegepersonal beschäftigen, sondern in der Regel über die gleichen Einheiten, wie ein am Markt agieren-*

*des Unternehmen verfügen. Dienstleister in der Pflege können genauso Aufgaben per Homeoffice erledigen wie Funktionen in Finanz- und Personalwesen, Einkauf et cetera.*

*Das Fazit nach einem Jahr:*
*Persönlich bin ich der Auffassung, dass zu Homeoffice auch die Möglichkeit der Videoübertragung gehört. Ein häuslicher Arbeitsplatz, der sich lediglich auf die akustische Komponente oder gar auf Mailverkehr beschränkt, kann zwar arbeitsrechtlich so bezeichnet werden, bleibt jedoch weit hinter den Möglichkeiten zurück.*

*Trotz zweier Lockdown-Phasen und strikter Regelungen zur Einhaltung von Sicherheitsabständen, war ich in den letzten Monaten virtuell in mehr Privatwohnungen zu Gast als je zuvor. Sowohl akustisch als auch visuell. Unter normalen Umständen galt das als außergewöhnlich, mittlerweile ist es Standard, auch an meinem Heimarbeitsplatz.*

*Langsam normalisiert sich die Lage wieder. Die Pandemieregeln sind zur Gewohnheit geworden und der Video-Chat wird auch von Bewerbern immer weniger als Stressfaktor empfunden. Es wurde zur Normalität, mit Bewerbern und Bewerberinnen Videokonferenzen durchzuführen und Teammeetings mit dem einen Teil des Teams direkt und einem anderen Teil virtuell durchzuführen.*

*Die Videofunktion sollte im Homeoffice nicht unterschätzt werden.*

*Für die Personalführung entstand so eine neue Herausforderung: Da das private Büro nun nicht mehr als freiwillige Möglichkeit oder der Job optimal darauf ausgerichtet werden konnte, steigerte sich die Komplexität der Optionen. Das Homeoffice war in den meisten Fällen nun nicht mehr gesetzlich erlaubt, sondern gesetzlich vorgeschrieben.*

*Es zeigte sich, dass Jobs ins eigene Heim verlagert wurden, die nicht dafür geeignet waren, aber nach den Pandemieregeln nach Hause verlagert werden mussten. Andererseits zeigte sich ebenso, dass es Persönlichkeiten gibt, die dem virtuellen Kontakt eher zu- oder abgeneigt sind: Introvertierte Persönlichkeiten neigten zu mehr Introversion und Extrovertierte nutzten die neue Bühne teils so intensiv, dass Projektgruppen schier überfordert wurden.*

*Gleich zu Beginn des ersten Lockdowns wurden eine Reihe von CCTs (»Conventions collectives de travail«, was in Deutschland wohl am ehesten mit dem Wort »Betriebsvereinbarung« übersetzt werden kann) nötig, die die Regeln für das Homeoffice neu definierten. Da es sich stellenweise nicht um eine freiwillige Maßnahme, sondern um eine Verpflichtung handelte, wurden die Regelungen entsprechend komplex. Von staatlicher Seite und seitens der Gewerkschaften wurden Musterverträge und Dokumente zur Verfügung gestellt, die auf das eigene Unternehmen angepasst werden mussten.*

*Technisch und juristisch betrachtet hat die Pandemie das Thema Homeoffice weit nach vorne gebracht. Technische Möglichkeiten, die schon lange existierten, wurden nun eingeführt und teils auch aus der Not heraus genutzt. Ungeregelte Grauzonen zwischen Arbeitgebern und Arbeitnehmern wurden reguliert und gemeinsam mit den Gewerkschaften auf einer kooperativen Basis diskutiert.*

*Dennoch ist meine persönliche Beobachtung, dass der Anteil der Homeoffice-Arbeitsplätze mit der Lockerung der Lockdown – Maßnahmen korreliert:*

*In dem Maße, in dem Kontaktbeschränkungen oder wirtschaftliche Einschränkungen zurückgenommen werden, sinkt auch der Anteil der Heimarbeitsplätze wieder. Zum einen erscheint dies logisch, da viele Arbeitgeber den klassischen Präsenzarbeitsplatz favorisieren. Zum anderen jedoch ersetzt der Heimarbeitsplatz nicht alle Aspekte des kollegialen Umfelds. Es ist daher einleuchtend, dass nach einer Phase der gesetzlich vor-*

*geschriebenen Pandemiemaßnahmen, bei einer Lockerung, eine Phase der Rückkehr zu alten Gewohnheiten eintritt.*

*Gleichwohl hat die Heimarbeit das Arbeitsleben bereichert. Nach den neu gefunden Regeln und der Beseitigung der technischen Hürden, steht Arbeitnehmern und Arbeitgebern in Zukunft ein weiteres Werkzeug zur Gestaltung der Work-Live-Balance zur Verfügung. Auch wenn diese Balance in den letzten Monaten stark durch die Pandemie-Maßnahmen geprägt war, so sind die gemachten Erfahrungen nachhaltig und das gilt sicher nicht nur für Belgien.«*

Den Link zur VIAS Studie, die als Quellenangabe im Artikel zitiert wird, finden Sie am Ende des Buches im Link- und Quellenverzeichnis.

# HOMEOFFICE AUS SICHT DER UNTERNEHMEN

Für Unternehmen bietet das Homeoffice zahlreiche Vorteile, aber auch einige Nachteile. In folgendem Kapitel sollen die Vor- und Nachteile zusammengetragen und dargestellt werden.

## Argumente pro Homeoffice

### Arbeitgeberattraktivität

Arbeitgeber investieren seit Jahren sehr viel Zeit und Geld in Employer Branding (HR-Marketing-Maßnahmen), um sich nach innen und außen attraktiver darzustellen. Hier spielt das Homeoffice eine wichtige Rolle. Denn durch das Angebot eines Homeoffice-Arbeitsplatzes wird ein Arbeitgeber für bestehende und potenzielle Mitarbeiter wesentlich attraktiver. Ein Unternehmen, das seinen Mitarbeitern die Telearbeit anbietet, wird automatisch als hipp, modern, dynamisch und innovativ wahrgenommen. Das ist ein wichtiger Faktor in Zeiten des Fachkräftemangels.

Ein erster und gut umsetzbarer Schritt wäre es, das Homeoffice noch stärker zu bewerben, um auch potenzielle Kandidaten zu locken, die nicht aus der Nähe des Firmensitzes kommen.

Arbeitgeber gelten zudem als äußerst fortschrittlich und innovativ, wenn sie solche flexiblen und attraktiven Modelle anbieten.

**Aus der Praxis:**

Ein Unternehmer aus Nordrhein-Westfalen führte mit einem hochkompetenten Kandidaten bereits Arbeitsvertragsverhandlungen, beide waren sich fast einig.

Da der Kandidat eine Anfahrt von nahezu 95 Kilometern pro einfache Fahrstrecke zurückzulegen hatte, war ihm die Möglichkeit von einem Tag im Homeoffice sehr wichtig. Obwohl sich das Unternehmen nach außen hin als modern und innovativ präsentiert, wurde in der allerletzten Verhandlungsrunde dieser eine Tag im Homeoffice abgelehnt. Der Kandidat hat die Verhandlungen daraufhin kurz vor Vertragsabschluss abgebrochen. »Ich fühlte mich am Ende der vielen intensiven Verhandlungsrunden mit dieser Ablehnung so richtig vor den Kopf gestoßen, da von Anfang an klar war, dass ich diese Wegstrecke zurückzulegen habe«, so der Kandidat.

**Fazit:**

Für einige Ihrer Kandidaten ist die Unmöglichkeit von Homeoffice-Tagen tatsächlich ein Show-Stopper.

Die freie Wahl des Arbeitsplatzes suggeriert eine hohe Selbstständigkeit bei der Wahl der zu bearbeitenden Aufgaben sowie auch eine im weiteren Sinne moderne und flexible Unternehmensführung. Auch wenn Homeoffice zu Beginn der Anstellung nicht notwendig oder gewünscht ist, ist allein die Möglichkeit zur Flexibilität ein zusätzlicher Sicherheitsfaktor für die Bewerber, die sich so nicht in allen Details auf Dauer festlegen müssen.

## Befreiung von räumlichen Grenzen

Mit Homeoffice scheitert Recruiting nicht mehr an den Lebensrealitäten der möglichen Kandidaten. Es macht es einfacher, die richtige Person für die geplante Aufgabe zu finden. Kandidaten müssen nicht mehr bereit sein, ihren Lebensmittelpunkt zu verlagern. Es können weltweit Mitarbeiter gesucht werden. Der Betriebsstandort ist immer weniger ein Recruiting-Faktor. Betriebe können Standorte in wirtschaftlich interessanten, günstigen Regionen suchen. Die wirtschaftlichen Vorteile sind vielfältig: steuerliche Vergünstigungen bei dem Erwerb von Gewerbeflächen, geringere Kosten für die verbleibende Infrastruktur. Ohne Homeoffice hätten viele Arbeitgeber zum Beispiel längst in eine neue Immobilie wechseln müssen.

## Bindung von Müttern und Vätern als Arbeitskraft

Besonders für Frauen und Männer in einer frühen Familienphase ist Homeoffice hochinteressant. Denn leider ist es ein Irrglaube, dass frisch gebackene Mütter und Väter aufgrund der vielen Angebote für Ganztagsbetreuung in Kindergärten und Schule schnell wieder uneingeschränkt in den Vollzeit-Job einsteigen können. Im wahren Leben ergeben sich immer wieder Situationen, die ein Elternteil dazu zwingen, die Kinder abzuholen und sich selbst um sie zu kümmern.

Vielfach verzichtet mindestens ein Elternteil dann ganz auf die Rückkehr in den alten Job, was nicht nur für die betreffende Person, sondern auch für den Arbeitgeber einen Verlust darstellt.

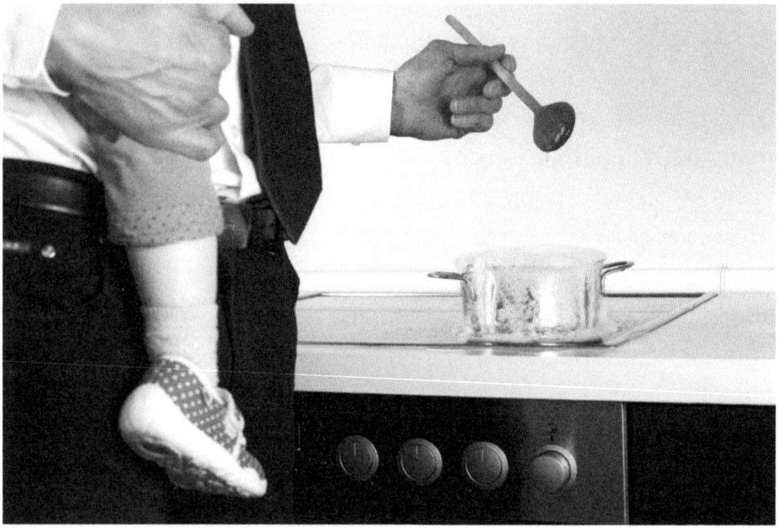

*Homeoffice ist für junge Eltern hochinteressant.*

Hier hilft das Angebot eines Homeoffice-Arbeitsplatzes. Homeoffice ist ein besonders attraktives Modell für Angestellte mit Familie. Die Arbeit von zu Hause bietet die Möglichkeiten, die Gesamtarbeitszeit auf mehrere Blöcke über den Tag zu verteilen, um zwischendurch den familiären Anforderungen gerecht werden zu können – und das durchaus auch mal spontan, wenn sich die Notwendigkeit ergibt.

Ich habe mit Managern und Managerinnen zusammengearbeitet, die abends – wenn die Kinder im Bett waren – effizienter arbeiten konnten, als manche Mitarbeiter im turbulenten Tagesgeschäft.

## Aus der Praxis:

Vor einigen Jahren gab es einen Kita-Streik. Damals haben wir den Mitarbeitern angeboten, von zu Hause aus zu arbeiten.

## Tipp:

Ich weiß von einigen Kunden, dass sie freie Büroflächen genutzt haben, um ein Eltern-Kind-Büro für den Notfall einzurichten. Diese arbeitgeberseitigen Initiativen kommen übrigens extrem gut bei Arbeitnehmern und auch externen Bewerbern an.

### Statement von Dr. Marc Stautner, Research Director bei ModuleWorks GmbH, zum Thema Homeoffice und Familie

*»Nicht nur die Vereinbarkeit von Familie und Beruf im ›klassischen‹ Sinne profitiert von einer Homeoffice-Regelung. Auch die Kombination von zwei Karrieren und Familie wird durch Homeoffice erst möglich. Auch bei optimalen Homeoffice-Regelungen müssen Führungskräfte oft eine hohe Flexibilität zeigen und kurzfristig zu allen möglichen Zeiten präsent sein.*

*Homeoffice-Regelungen für beide Partner erlauben, den hierfür notwendigen ›Handover‹ überhaupt durchzuführen. Der Nachteil des Homeoffice, dass durch die reduzierte Sichtbarkeit/Präsenz das für eine Karriere notwendige Netzwerken nur erschwert möglich ist, kann so ausgeglichen werden, wenn im Wechsel die Partner voll für Kundentermine, Schulungen oder andere Netzwerkveranstaltungen auch zu späten Zeiten oder zu weiten Reisen zur Verfügung stehen. Das Homeoffice des jeweils anderen Partners ermöglicht erst eine solche Flexibilität.«*

Homeoffice kann auch ein wichtiger Baustein für zwei Karrieren in einer Familie sein.

## ■ Bindung von Mitarbeitern mit pflegebedürftigen Angehörigen

Neben Arbeitnehmern mit Kindern profitieren von der Homeoffice-Regelung auch Menschen, die pflegebedürftige Angehörige haben. Es kann sogar erforderlich werden, die Arbeit komplett zu unterbrechen, damit man sich um diese Familienmitglieder kümmern kann. Hier gibt es dann allerdings eine Freistellung nach dem Pflegezeit- und Familienpflegezeitgesetz für eine kurzzeitige Arbeitsverhinderung, um Beruf und Pflege von Angehörigen zu vereinbaren.

## Aus der Praxis

Von den Vorteilen des Homeoffice kann ich aus eigener Erfahrung berichten. Im Jahr 2017 erkrankte meine Mutter sehr schwer. Da mein Vater vor 18 Jahren nach einem schweren Unfall verstorben war, standen mein Bruder und ich plötzlich vor der Situation, dass unsere Mutter eine Teilzeit-Betreuung benötigte, jedoch kam eine dauerhafte Heimunterbringung für uns nicht infrage.

*Durch Homeoffice konnte ich meine Mutter betreuen.*

Mein Bruder hatte eine gute Homeoffice-Regelung in seinem Unternehmen und sein Arbeitgeber handelte äußerst sozial und menschlich, somit war es kein Problem, dieses Modell zu nutzen. In Anbetracht der genannten Situation war es für uns alle eine enorme Erleichterung. Mein Bruder war zum Teil monatelang in der Wohnung unserer Mutter, konnte seinen Job ohne Unterbrechung fortsetzen und sich neben der Pflege auch um alle weiteren Bedürfnisse kümmern. Ich hatte mich damals erst selbstständig gemacht und konnte mich tageweise mit meinem Bruder im Homeoffice abwechseln.

Das war für uns eine schwere und äußerst emotionale Zeit. Ich bin bis heute dankbar, dass wir die Möglichkeit hatten, berufliche Tätigkeit und familiäre Fürsorge zu verbinden.

Bitte zeigen Sie Verständnis und Empathie in solchen emotional äußerst schwierigen Situationen! Ihre Mitarbeiter werden es Ihnen hoch anrechnen.

### Tipp: Beruf, Familie, Pflege

Eine meiner Erfahrung nach sehr lohnende Investition ist die Buchung von Beratungsmodulen bei EAP-Assist[4]. EAP steht für Employee Assistance Program. Die Firma bietet rund um die Uhr Unterstützung bei Problemen Ihrer Mitarbeiter in den Bereichen Gesundheit, sowohl physisch als auch psychisch, Sorgen im familiären und sozialen Umfeld und bei rechtlichen Anfragen.

Denken Sie darüber nach!

## Steigerung von Effizienz und Motivation

**Homeoffice = mehr Zeit zum Arbeiten**

Es klingt banal, ist aber wichtig: Die Zeit, die ein Mitarbeiter auf der Straße im Stau steht, könnte er bereits am Arbeitsplatz verbringen, wenn er nicht pendeln müsste. Und dieser Zeitgewinn ist nicht zu unterschätzen. Oft verbringen Arbeitnehmer morgens und abends mehrere Stunden in Bahn, S-Bahn, Bus oder Auto.

**Homeoffice = weniger Stress und weniger krank**

Es ist aber nicht nur der Zeitfaktor, der gegen Pendeln spricht. Zahlreiche Studien belegen, dass Pendeln und Staus physisch und psychisch krank machen. Nicht pendeln bedeutet weniger krank zu sein.

Die Studie »Mobilität in der Arbeitswelt« der Techniker Krankenkasse belegt zum Beispiel, dass Langstreckenpendler mit mindestens 90 Minuten Fahrzeit häufiger psychisch krank sind als Kurzstreckenfahrer. Pendeln und Stau bedeutet Stress. Es entstehen Ängste, beispielsweise vor dem Zuspätkommen durch unkontrollierbare

Straßenverhältnisse – egal, ob wetter- oder verkehrsbedingt. Diese Ängste führen Experten zufolge zu Schlafstörungen, die wiederum langfristig körperlich und seelisch krank machen. Schlafmangel entsteht schon dadurch, dass Pendler tatsächlich deutlich früher aufstehen müssen als Kurzstreckenfahrer und dadurch einfach weniger Zeit zum Schlafen haben. Während der Woche bauen sie oft ein Schlafdefizit auf, das sie am Wochenende auszugleichen versuchen. Das ist meist schwierig. Die Folge können Konzentrationsmangel, Reizbarkeit oder eine erhöhte Anfälligkeit für Infekte sein. Tageweises Arbeiten von zu Hause schafft hier Abhilfe. Der Arbeitnehmer kann länger schlafen.

Speziell für Pendler, die öffentliche Verkehrsmittel nutzen, besteht eine erhöhte Gefahr von Infektionen. Es gibt wohl kaum eine größere Ansammlung von Viren und Bakterien als an den Griffen in der U-Bahn oder in Bus und Bahn.

Einige Experten sind auch der Meinung, dass Vielpendler ungesund essen, weil es immer schnell gehen muss und kaum Zeit bleibt für eine ausreichende Pause. Dies wäre bei einem Arbeitsplatz zu Hause sicher anders.

Interessant: Bereits 1976 konnte das Institut für Sozial- und Präventivmedizin Zürich (Schweiz) im Rahmen einer Facharbeit zum Thema »Auswirkungen des Arbeitsweges auf die Gesundheit« eine statistisch signifikante Abhängigkeit zwischen der Dauer des Arbeitsweges und der Höhe des Blutdrucks nachweisen.

### Homeoffice = mehr Spaß an der Arbeit und effizienteres Arbeiten

Leider existiert in vielen Führungsetagen die sehr konservative Ansicht, dass Mitarbeiter im Homeoffice weniger produktiv sind, da sie nicht ausreichend kontrolliert werden können. Doch Studien widerlegen mittlerweile diese These: Das Gegenteil trifft zu. So haben Nicholas Bloom, Ökonomieprofessor an der Stanford-Universität, und sein Team in einer Studie festgestellt, dass Homeoffice-Mitarbeiter effizienter arbeiten und mehr Spaß an der Arbeit haben. Die Heimarbeit steigerte die Leistung der Versuchsteilnehmer um stolze 13 Prozent. Neun Prozent davon ergaben sich allein dadurch, dass die Heimarbeiter weniger Pausen machten, sich seltener krank meldeten und pro Minute mehr Telefonate annahmen. Vier Prozent ergaben sich durch die gestiegene Konzentration – dank weniger Störquellen und -geräuschen im Umfeld. Zudem berichteten die Heimarbeiter einhellig, sie seien zufriedener mit ihrer Arbeit.

## ■ Betriebswirtschaftliche Gründe

Für ein Unternehmen sind neben den »weichen« Argumenten wie Arbeitgeberattraktivität, Recruiting, Mitarbeiterbindung, Wertschätzung et cetera natürlich auch die wirtschaftlichen Aspekte wichtig.

Durch die Einführung von Homeoffice können betriebswirtschaftliche Kosten eingespart werden. Theoretisch kann ein Arbeitgeber ganze Büros oder Bürokomplexe stilllegen, wenn er Mitarbeiter auslagert. Dadurch entfallen die Kosten für Miete, Heizung, Strom, Reinigung und Büroinventar. Diese Kostenreduzierung durch eingesparte Bürofläche im Unternehmen ist natürlich schwierig zu beziffern, da sie abhängig von der jeweiligen Lage von Stadt zu Stadt variieren kann. Die Mietkosten pro Quadratmeter liegen zum Beispiel in Hamburg bei etwa 19 Euro und in Berlin bei ungefähr 25 Euro.

Ich empfehle allerdings generell nicht, die Arbeitsplätze im Unternehmen ganz abzuschaffen. Ich plädiere für eine Mischung aus Homeoffice und Büroarbeitsplatz, da anderenfalls die Identifikation mit der Firma und die Bindung an das Team leiden können. Was allerdings tatsächlich sinnvoll sein kann, ist die Nutzung eines Arbeitsplatzes durch mehrere Mitarbeiter. Das Stichwort heißt hier »Desk-Sharing«.

Ein anderer Aspekt ergibt sich bei jungen, schnell wachsenden Unternehmen. Wird die Bürofläche irgendwann zu klein, kann man vorübergehend (oder dauerhaft) einzelne Mitarbeiter in das Homeoffice auslagern, um nicht mit dem nächsten Mitarbeiter neue Büroräume anmieten zu müssen.

Doch nicht nur der Arbeitgeber profitiert von Kostenersparnissen. Auch die Mitarbeiter haben wirtschaftliche Vorteile:

- Kein Verschleiß des privaten Pkw, da nicht mehr zwischen Arbeitsort und Wohnort gependelt werden muss.
- Keine zusätzlichen Treibstoffkosten beziehungsweise Kosten für den öffentlichen Nahverkehr.

**Ein besonders attraktiver Punkt**: Nutzt der Arbeitnehmer einen geschlossenen Raum als Homeoffice-Arbeitszimmer, kann er diesen zusätzlich steuerlich geltend machen. Anschaffungen von Arbeitsmitteln wie Tisch und Leselampe können ebenfalls von der Steuer abgesetzt werden.

*Homeoffice spart Kosten.*

## Nachteile von Homeoffice

Wo Licht ist, ist auch immer Schatten. Selbstverständlich bringt auch ein Büro zu Hause den einen oder anderen Nachteil mit sich. Einige Befürchtungen der Arbeitgeber sind nachweislich unbegründet. Trennen wir also Befürchtungen von Tatsachen.

### ■ Tatsachen

Tatsache ist, dass die Einführung des Homeoffice im Unternehmen generell und die Einrichtung eines Heimarbeitsplatzes im Einzelfall anfangs immer mit finanziellem und organisatorischem Mehraufwand verbunden ist.

Arbeitsverträge müssen gegebenenfalls modifiziert werden, es müssen Richtlinien für Heimarbeiter erstellt werden und nicht zuletzt muss ein Arbeitsplatz zu Hause komplett eingerichtet werden. In Kapitel »Steuerliche Aspekte des Homeoffice« erfahren Sie, was alles bei der Einrichtung eines Heimarbeitsplatzes zu beachten ist und welche rechtlichen Vorgaben einzuhalten sind. Einfach mit dem Laptop am Küchentisch sitzen und arbeiten funktioniert heute nicht mehr.

Tatsache ist, dass ein Mitarbeiter, der ausschließlich im Homeoffice arbeitet, die Bindung zum restlichen Team und dem Unternehmen verliert. Es ist wichtig, regelmäßig vor Ort zu erscheinen, um sich auszutauschen und nicht den Teamspirit und die Unternehmenswerte aus den Augen zu verlieren.

Tatsache ist, dass die Arbeit von zu Hause aus außerdem höhere Sicherheitsvorkehrungen gegen Datenmissbrauch durch Unbefugte erfordert.

Und es ist auch erwiesen, dass die Einführung von Homeoffice im Unternehmen zu Missstimmung und Mobbing führen kann, weil sich einige Angestellte, die kein Homeoffice gewährt bekommen, benachteiligt fühlen können. Hierzu sollten Sie sich unsere sieben Tipps in Kapitel 4 ansehen.

## ■ Befürchtungen

Bei vielen Arbeitgebern stellen sich diverse typische Befürchtungen ein, zum Beispiel, dass die Mitarbeiter zu Hause nicht arbeiten, sondern lieber im Internet surfen oder fernsehen.

Laut einer repräsentativen Studie des Digitalverbands Bitkom sind knapp 30 Prozent der Unternehmer der Meinung, dass die Arbeit von zu Hause aus nicht zu kontrollieren sei. Diese Einstellung ist ein Problem, denn der Kontrollwahn des Vorgesetzten führt IMMER zum Desaster bei der Gestaltung des Homeoffice. Heute sollte in modernen Unternehmen die Devise gelten: Das Ergebnis zählt, nicht die Anwesenheit (in diesem Fall Anwesenheit am Homeoffice-Arbeitsplatz).

33 Prozent der Befragten fürchten außerdem, Arbeitnehmer seien zu Hause nicht ständig erreichbar, was in Notfallsituationen ein Problem sein könnte.

Noch eine Befürchtung: Jeder zehnte Arbeitgeber denkt, dass sich Mitarbeiter im Homeoffice weniger mit dem Arbeitgeber identifizieren. Dieser Gefahr kann man entgegenwirken, indem man den Heimarbeitsplatz ein wenig »professioneller« gestaltet und bestimmte Elemente des Unternehmens einbringt, wie beispielsweise das Firmenschild oder Poster.

**Tipp für die identifikationsfördernde Ausstattung im Homeoffice-Büro:**

Hängen Sie Firmenbilder und -logos auf, die eine professionelle Arbeitsatmosphäre schaffen.

Ihre Mitarbeiter machen nicht nur einen äußerst professionellen Eindruck bei Videokonferenzen, sondern fühlen sich dem Unternehmen enger verbunden.

## Für wen eignet sich Homeoffice und für wen nicht?

Bei allen positiven Aspekten des Themas Homeoffice darf man nicht vergessen, dass nicht alle Tätigkeiten von zu Hause aus verrichtet werden können.

So kann logischerweise die Arbeit in der Produktion beziehungsweise an der Fertigungslinie nicht von zu Hause aus verrichtet werden. Geeignet ist das Homeoffice demnach nur für »Kopfarbeiter«.

Die Arbeit von zu Hause aus ist in erster Linie durch die Analyse, Verarbeitung und Erstellung von Informationen gekennzeichnet. Konkret kann diese Arbeit von der Erstellung von Präsentationen, dem Führen von Telefonaten und Videokonferenzen über die Erstellung von Vorlagen und Excel-Sheets bis zu Controllingaufgaben reichen.

*Homeoffice falsch verstanden.*

Außerdem ist das Homeoffice nicht für jeden Mitarbeiter geeignet. Ein Mensch, der von zu Hause aus arbeitet, muss sich selbst motivieren können, da die direkte Anwesenheit des Vorgesetzten fehlt.

Mitarbeiter, die »eng« geführt werden müssen, sollten womöglich weiter in der Nähe des Vorgesetzten bleiben.

Homeoffice erfordert Selbstdisziplin und eine gewisse Fähigkeit zur richtigen Priorisierung. In den eigenen vier Wänden ist es nie weit bis zur Couch, wo Fernseher und Game-Konsole locken. Kollegen, die bereits im Betrieb zur »Aufschieberitis« neigen, sollten daher nicht ins Homeoffice geschickt werden.

Natürlich gibt es auch Menschen, die ständig den sozialen Kontakt zu anderen Menschen und den Austausch mit Kolleginnen und Kollegen benötigen. Solche Mitarbeiter passen ebenfalls ganz und gar nicht in das Homeoffice.

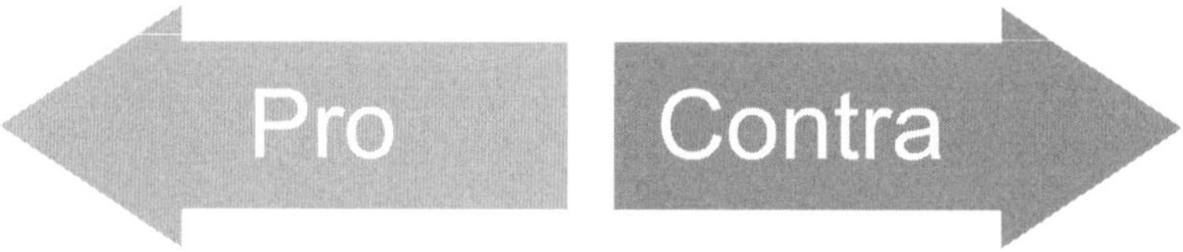


**Pro**

- Mitarbeiterbindung an das Unternehmen
- Stärkung der Arbeitgebermarke
- Vereinbarkeit von Familie und Beruf
- Motivierte und zufriedene Mitarbeiter
- Mehr Selbstbestimmung
- Anfahrtsweg entfällt – höhere Flexibilität
- Förderung von Vertrauenskultur im Unternehmen

**Contra**

- Ausnutzen der Situation, Spielraum für andere Aufgaben oder Ablenkungen
- Vermischung von Beruf und Privatleben
- Unmut anderer Mitarbeiter, die keine Homeoffice-Regelung bekommen
- Schlechtere Kontrollmöglichkeit über Arbeitszeit und -einsatz, jedoch Kontrolle über das Arbeitsergebnis
- Gefahr der Isolation, Kontaktverlust
- Fehlender Informationsaustausch – Schwächung des Teamgeistes
- Hohe Anforderung an Datensicherheit und IT
- Höherer Aufwand bei Vertragsgestaltung und Organisation – zusätzliche Kosten Anschaffung von IT-Equipment

## Anekdoten aus Skype-Calls

Immer wieder erlebe ich als Personalleiterin und -beraterin Situationen, die zeigen, dass das Homeoffice letztlich nicht für jeden Menschen geeignet ist.

> ***Skype-Vorstellungsgespräch:***
> *Ich wartete auf ein lang geplantes Interview mit einem Kandidaten, der im Homeoffice war. Zwei Tage vor dem Termin schickte ich ihm nochmal eine Erinnerung.*
>
> *Am Abend des Gesprächs lief das Skype-Video, der Ton funktionierte, aber der Bildschirm war schwarz … nanu?*
>
> *Auf Nachfrage meinte der Kandidat, er habe das Licht ausgeschaltet, da er »underdressed« sei.*
>
> *Da ich meinen Interviewpartner sehen wollte, bat ich ihn, das Licht anzumachen, auch wenn er im T-Shirt sei. Daraufhin kam die Info, er habe den Schlafanzug an und müsse sich umziehen … ob ich weitere 30 Minuten Zeit hätte.*
>
> *Wie wirkt das auf Sie als Unternehmer?*

**Fazit:** Man sollte immer professionell auftreten und sich angemessen kleiden, auch wenn man zu Hause arbeitet. Der Kandidat war auch ansonsten nicht vorbereitet, den Job hat er nicht bekommen.

*Auch wenn man zu Hause arbeitet, sollte man sich angemessen kleiden.*

***Internationaler Skype-Call vom Homeoffice aus:***
*Meine fachliche Vorgesetzte war im Homeoffice und hatte zu einem globalen Call aller Personalleiter eingeladen. Wir waren mit 15 Personen mitten im Gespräch, als es fürchterlich »schepperte«… die Katze hatte eine Vase umgeworfen. Danach war keine Konzentration mehr möglich und der Call wurde von meiner damaligen Chefin sehr schnell beendet …*

*Das wirkte nicht nur unprofessionell, es war auch peinlich!*

*Bitte keine Haustiere im Homeoffice-Arbeitsbereich!*

Diese Geschichten könnte ich noch beliebig fortsetzen. Von singenden Vögeln im Hintergrund (der Bewerber nahm sogar sein Laptop mit und zeigte mir seine Singvögel im Käfig) bis zu spielenden Kindern, von der Frau, die plötzlich mit einem Staubsauger auftauchte, bis hin zum Ehemann, der ausgerechnet zum Skype-Call ein Loch in die Wand bohren musste – ich habe schon alles erlebt.

**Fazit:** Sie brauchen einen abgeschlossenen Raum und müssen auf eine ungestörte Arbeitsatmosphäre sowie ein angemessenes Outfit achten.

## Andere Herausforderungen bei der Arbeit im Homeoffice

### ■ Kommunikation

Eine Herausforderung für Mitarbeiter im Homeoffice ist sicherlich die Kommunikation mit den Chefs und Kollegen. Im Büro läuft viel Kommunikation nebenher. Aus diesem Grund ist es notwendig, dass Mitarbeiter im Homeoffice mit Hilfe von geeigneten Tools in engem Austausch mit dem Team bleiben können. So könnte es zum Beispiel Sinn machen, sich zu einer bestimmten Zeit in einem regelmäßigen Rhythmus per Telefonat (bestenfalls Videotelefonat) auszutauschen. Dies bietet die Möglichkeit, aktuelle Aufgaben, Ziele, aber auch Probleme direkt anzusprechen.

Ein zusätzliches Thema sind Missinterpretationen des geschriebenen Wortes. Im Büro erkennt man bereits am Gesichtsausdruck eines Kollegen, ob etwas ernst oder lustig/sarkastisch gemeint ist.

### ■ Transparenz

Von besonderer Wichtigkeit ist außerdem Transparenz den Mitarbeitern gegenüber. Im Büro sieht man, ob ein Kollege gerade auf Arbeit ist, ob er Pause macht, ob er telefoniert oder sich die Kopfhörer aufzieht, um ungestört arbeiten zu können. Das sollte auch so gut wie möglich im Homeoffice gegeben sein. So wäre es beispielsweise möglich, im Team-Chat eine Nachricht zu Beginn und zum Ende des Arbeitstages zu schreiben oder die Anwesenheit über den Status im Chat mitzuteilen.

## Dokumentation des Arbeitsablaufs

Nicht zu unterschätzen ist auch die Dokumentation über Arbeitsabläufe oder wichtige Entscheidungen. Im Büro kann man mal eben schnell den Schreibtischnachbarn etwas fragen, im Homeoffice muss man lernen, »sich selbst zu helfen«. Oft erreicht man die Kollegen nicht sofort, daher ist es wichtig, dass sich Mitarbeiter durch Dokumentation ihrer Arbeit absichern können.

### Exkurs: Studie zur psychischen Wechselwirkung von Arbeitseinstellung und Outfit

Eine Untersuchung des renommierten Psychologen Adam Galinsky von der North-Western Universität, die er gemeinsam mit seinem deutschen Gastforscher Hajo Adam erarbeitete, zeigt, dass unsere Kleidung sich nicht nur auf andere auswirkt, sondern auch auf uns selbst (Stichwort: Kleider machen Leute). Die Studie trägt den Titel »Enclothed cognition«, was frei übersetzt so viel bedeutet wie »angezogene Wahrnehmung«. Den Link zur Studie finden Sie im Link- und Quellenverzeichnis.

*Das eigene Outfit bestimmt die Selbstwahrnehmung.*

# HOMEOFFICE EINFÜHREN, ABER RICHTIG!

Nachdem wir nun geklärt haben, wann die Einführung von Homeoffice sinnvoll sein kann und für wen es geeignet beziehungsweise ungeeignet ist, möchte ich Ihnen nun sieben praktische Tipps an die Hand geben, wie Sie Homeoffice in Ihrem Unternehmen richtig einführen können.

Diese basieren wieder auf meiner eigenen Praxis und der persönlichen Erfahrung von Arbeitgebern- und auch Arbeitnehmern. Ich würde mich sehr freuen, wenn Sie Ihre Erfahrungen mit Homeoffice mit mir teilen wollen. Meine Kontaktdaten finden Sie auf den letzten Seiten dieses Ratgebers.

## Sieben grundlegende Tipps

1. **Sorgen Sie für Transparenz**
   - Die Einführung von Homeoffice führt in den meisten Unternehmen zu Irrtümern und Missverständnissen. Spätestens dann, wenn die ersten Mitarbeiter den Heimarbeitsplatz genehmigt bekommen haben, andere aber nicht, weil sich viele schnell benachteiligt fühlen. Einige glauben womöglich sogar, dass das Homeoffice nun generell erlaubt wird.

- Sorgen Sie von Anfang an für Klarheit und Transparenz in Ihrem Unternehmen. Homeoffice kann es nie in allen Unternehmen oder Unternehmensbereichen geben, jeder Fall ist ein Einzelfall.
- Machen Sie deutlich, unter welchen allgemeinen Umständen das Homeoffice genehmigt werden könnte.
- Legen Sie Kriterien fest, die erfüllt sein müssen, damit ein Arbeitnehmer einen solchen Arbeitsplatz bekommen kann.
- Stellen Sie außerdem klar, dass Homeoffice immer nur für einzelne Tage beziehungsweise maximal für zwei Tage pro Woche genehmigt wird. Bei mehr als zwei Tagen besteht die Gefahr, die Bindung zu Team und Unternehmen zu verlieren.

2. **Stellen Sie klare Regeln auf, auch für die Kollegen**
   - Homeoffice braucht Regeln – Regeln für diejenigen, die das Homeoffice nutzen, und Regeln für den Rest der Belegschaft.
   - Diejenigen, die zu Hause arbeiten, müssen eindeutig wissen, was sie dürfen und was nicht, wie sie sich an- und abmelden, wie sie ihre Anwesenheit und Erreichbarkeit im Homeoffice kenntlich machen, wann sie arbeiten sollen beziehungsweise dürfen und wie sie mit den Kollegen kommunizieren. Legen Sie auch fest, was die Homeoffice-Mitarbeiter gegenüber anderen erklären dürfen.
     Unter den Mitarbeiterinnen und Mitarbeitern, die kein Homeoffice erhalten, aber gerne zu Hause arbeiten würden, entsteht leicht Neid und Missgunst. Deshalb sind die allgemeinen Regelungen aus Tipp 1 wichtig. Stellen Sie vor allem klar, dass Sie kein Mobbing dulden und dass Sie jederzeit ein offenes Ohr für Sorgen und Fragen haben.

**3. Klären Sie alle Detailfragen in Sachen Technik, Ausstattung und Kostenerstattung**

- Wer im Homeoffice arbeitet, benötigt einen physischen Arbeitsplatz, Büroausstattung, Arbeitsmittel und IT-Ausstattung. Dafür ist der Arbeitgeber zuständig. Klären Sie frühzeitig, ob ein Homeoffice räumlich und technisch überhaupt möglich ist (Stichwort Internetzugang) und die Arbeitsschutzbestimmungen erfüllt sind.
- Sorgen Sie für die komplette Ausstattung des Arbeitsplatzes und für die Einrichtung von Arbeitszeit – beziehungsweise Anwesenheitskalendern, damit die Mitarbeiter im Firmenbüro wissen, wann der Mitarbeiter im Homeoffice arbeitet und erreichbar ist. Hinweise zur richtigen Arbeitsplatzausstattung finden Sie in Kapitel 7. Vereinbaren Sie Art und Umfang der Kostenerstattung zum Beispiel für Telefonate oder Nutzung privater Arbeitsmittel.

**4. Verabschieden Sie sich von der Kernarbeitszeit**

- Wer im Homeoffice arbeiten will, hat in der Regel besondere Gründe dafür. In den meisten Fällen spielen familiäre Gründe oder eine sehr weite Anreise zum Arbeitsplatz eine Rolle. Zumindest, wenn es familiäre Gründe sind, sollten Sie die klassische 9-to-5 Regel auflösen. Junge Väter und Mütter arbeiten effizienter, wenn die Kinder im Bett sind, also während des Mittagsschlafs und abends. Hier würden starre Arbeitsregelungen kontraproduktiv wirken und keinen Sinn machen.
- Manchmal kann es sogar sinnvoll sein, nachts zu arbeiten, zum Beispiel wenn Kunden aus Übersee betreut werden müssen, die aufgrund der Zeitverschiebung nur außerhalb der normalen Arbeitszeit erreichbar sind.

- Das Arbeitszeitgesetz findet auf jeden Fall ganz normal Anwendung (Höchstarbeitszeitgrenzen, Ruhezeiten, Sonntagsarbeitsverbot) – dies schon einmal vorweg. Die Arbeitszeiten sollten auf jeden Fall dokumentiert werden. Eine Form ist nicht vorgeschrieben. Es genügt, wenn der Mitarbeiter eine entsprechende Excel-Tabelle führt oder anderweitig aufzeichnet. Den Link zu einer Excel-Vorlage finden Sie im Link- und Quellenverzeichnis am Ende des Buches.
- Fordern Sie die Mitarbeiter deutlich zur Einhaltung der geltenden Gesetze (zum Beispiel Arbeitszeitgesetz) auf. Legen Sie zudem fest, ob Zuschläge für Nachtarbeit gezahlt werden.

5. **Verabschieden Sie sich vom Kontrollzwang und setzen Sie auf Ehrlichkeit und Vertrauen**
   - Viele Arbeitgeber tun sich schwer mit dem Gedanken, ihre Mitarbeiter nicht mehr persönlich beaufsichtigen und kontrollieren zu können. In vielen Führungsetagen existiert leider immer noch der Irrtum, dass Mitarbeiter im Homeoffice weniger produktiv sind, da sie nicht ausreichend kontrolliert werden können. Doch Studien zeigen, dass Homeoffice die Produktivität nicht senkt, sondern sogar steigert (vgl. Kapitel 4).
   - Moderne Arbeitgeber bezahlen ihre Mitarbeiter nicht mehr nach abgesessener Anwesenheit, sondern für erbrachte Leistung. Damit meine ich nicht, ein Provisions-Gehaltsmodell für alle einzuführen. Vielmehr zählt das Ergebnis und nicht die gearbeitete Zeit. Wer Aufgaben zu erledigen hat, muss arbeiten, um diese zu erfüllen.

- Natürlich sind Aufzeichnungen, Dokumentationen und Nachweise über (Projekt-)Arbeitszeiten erforderlich, zum Beispiel für Kunden, Projektverantwortliche und auch Behörden.
- Vermeiden Sie unbedingt permanente Kontrollanrufe oder andere peinliche Maßnahmen zur Kontrolle der Mitarbeiter.

6. **Verabreden Sie klare Aufgaben und Schwerpunkte**
   - Das Arbeiten ohne Kontrolle durch Vorgesetzte funktioniert nur, wenn die Mitarbeiter im Homeoffice klare Aufgaben und Schwerpunkte bekommen, die sie erledigen beziehungsweise bearbeiten müssen. Diese Aufgaben und Schwerpunkte sollten sehr regelmäßig mit dem Vorgesetzten besprochen und ihre Erfüllung beziehungsweise Umsetzung geprüft werden.

7. **Vereinbaren Sie eine Probephase oder ein Pilotprojekt**
   - Ob ein Mitarbeiter für das Homeoffice geeignet ist oder nicht, können Sie am besten gemeinsam in einer zeitlich befristeten Probephase testen. Auch ein Pilotprojekt, bei dem der Mitarbeiter von zu Hause aus arbeiten kann, eignet sich zum Test. Ich empfehle Ihnen vier bis sechs, maximal acht Wochen. Binden Sie in diese Testphase nicht nur den Mitarbeiter, sondern auch das restliche Team und gegebenenfalls die beteiligten Kunden ein.

# Führen aus der Distanz – so geht's richtig

An dieser Stelle habe ich einige praxisnahe Hilfestellungen aus meinem langjährigen nationalen und internationalen Erfahrungsschatz für Sie gesammelt, die ich mit Ihnen teilen möchte, damit die Krise nicht zur »Team-Krise« wird!

In diesen schwierigen Zeiten der Pandemie stehen wir alle vor neuen Herausforderungen – natürlich auch Sie als Unternehmer und Führungskraft. Geführt werden muss jetzt zwangsweise aus der Distanz. Die direkte beziehungsweise persönliche Kommunikation im Büro, auf dem Flur oder in der Kaffeeküche fällt weg. Wie führt man in diesen Zeiten sein Team richtig, gibt den Mitarbeitern Sicherheit und Kraft und sorgt zugleich dafür, dass alles rund läuft?

Ich würde mich freuen, wenn Sie mir im Anschluss an die Lektüre aus Ihrer eigenen Praxis berichten würden. Meine Kontaktdaten finden Sie am Ende dieses Praxisratgebers.

## ■ Vertrauen bildet den Grundstein

In unsicheren Zeiten mit vielen unbekannten Variablen sehnen sich Menschen besonders stark nach Sicherheit. So ergeht es bestimmt auch Ihren Teammitgliedern. Es muss Ihnen also gelingen, Sicherheit zu vermitteln, damit sich Ihr Team voll auf seine Aufgaben konzentrieren kann. Aber wie bewältigen Sie diese Aufgabe?

Den Grundstein hierfür bildet Vertrauen. Das beginnt damit, dass es für Sie unerlässlich wird, die Bedürfnisse Ihrer Mitarbeiter kennenzulernen. Vereinbaren Sie hierzu zunächst einen festen Gesprächstermin mit Ihren Teamkollegen. Fragen Sie dabei jeden

Einzelnen nach seiner Homeoffice-Situation und seinen Bedürfnissen. Geben Sie Ihren Mitarbeitern das Gefühl, als verständnisvoller Ansprechpartner für sie da zu sein.

Ein Heimarbeitsplatz ist für viele neu und konfrontiert manche mit neuen Herausforderungen, die sie gemeinsam mit Ihnen lösen müssen. Sprechen Sie dabei möglichst jeden Einzelnen auf der Ebene an, die ihm entspricht. Sachliche Menschen wollen Fakten, Beziehungsmenschen sehnen sich nach persönlichen Gesprächen.

*Schaffen Sie Vertrauen im Team.*

## ■ Wichtige Aspekte wirkungsvollen Führens auf Distanz

Ist die Basis für eine vertrauensvolle Bindung hergestellt, helfen drei wichtige Faktoren bei der erfolgreichen Teamführung aus der Distanz:

- Zielorientierung
- Zuständigkeit
- Zugänglichkeit

Wenn diese drei Bereiche für beide Seiten abgestimmt sind, ergibt sich daraus ein hohes Maß an Sicherheit.

**Zielorientierung**

Ohne festen Rahmen verlieren viele das (Arbeits-)Ziel aus den Augen. Ein genaues Abstecken der Aufgaben und Prioritäten hilft Ihren Mitarbeitern dabei, zielführend zu arbeiten. Klarheit in Bezug auf To-Do's, Fristen, Arbeitszeiten und Teamaufgaben schafft einen sicheren Rahmen.

Legen Sie hierzu auch gemeinsame Termine für Feedback und Austausch fest. Berücksichtigen Sie dabei unbedingt die Situation und Wünsche der Mitarbeiter.

Jemand, der viele Fragen hat, wird sich über regelmäßigen Austausch freuen, selbstständige Arbeiter mögen vielleicht mehr Distanz.

Aufgrund der Situation ist auch eine zeitliche Abstimmung für beide Seiten wichtig, familiäre Sondersituationen müssen berücksichtigt werden.

Lassen Sie dabei Raum für einen offenen Austausch und vermeiden Sie unbedingt Killerphrasen wie »das brauchen Sie doch sicher nicht«. Druck ist in diesen Zeiten der Pandemie ohnehin viel zu viel vorhanden, erzeugen Sie nicht noch mehr davon.

**Zuständigkeit**

Für erfolgreiche Teamarbeit muss die rechte Hand wissen, was die linke Hand tut. Das gilt auch – oder gerade – für das Arbeiten auf Distanz im Homeoffice.

Sie sollten daher immer wissen, wer gerade woran arbeitet. Und auch Ihre Mitarbeiter sollten ganz genau wissen, wofür sie zuständig sind und was sie leisten sollen. Nehmen Sie hierbei unbedingt Rücksicht auf die veränderten, individuellen Gegebenheiten und richten Sie Ihre Leistungsmaßschnur danach aus. Eventuell müssen auch Zuständigkeiten verändert werden. Versuchen Sie dabei, dem gesamten Team, aber auch jeder einzelnen Person gerecht zu werden. Das ist die sicherste Basis für ein funktionierendes Kerngeschäft. Fühlt sich jeder mit seinen Aufgaben wohl und lässt sich das Pensum bewältigen, dann schafft das die nötige Sicherheit. Vergessen Sie hierbei nicht, die erreichten Leistungen zu loben. Ihr Team wird sich freuen, es gemeinsam mit Ihnen auch unter erschwerten Bedingungen geschafft zu haben und gestärkt daraus hervorgehen.

**Zugänglichkeit**

Ihr Team muss sich auf Sie verlassen können, weshalb Sie bei Fragen erreichbar sein sollten.

Ihre Mitarbeiter müssen wissen, wann und auf welchem Kanal Sie am besten zu erreichen sind. Sind Sie bei dringenden Fragen nicht für Ihre Mitarbeiter da, dann schafft dies mehr Distanz und ein Gefühl von Exil-Arbeit. Eine gründliche Abstimmung ist wichtig.

Sind Sie zu den Arbeitszeiten des Teams immer greifbar für Rückfragen und Probleme? Oder zu bestimmten Zeiten nur für Dringendes? Was ist im Notfall außerhalb dieser Zeiten?

Wenn es kein zentrales Büro mehr gibt, das zu festen Zeiten erreichbar ist, löst das Verunsicherung aus. Seien Sie der Fels in der Brandung und versichern Sie Ihren Mitarbeitern, dass Sie da sind, wenn es brennt. Und wichtiger noch: Halten Sie sich auch daran. Beantworten Sie alle Rückfragen. Ein »melde mich gleich« reicht zunächst schon aus, wenn es nicht passt. So weiß Ihr Team, dass es wahrgenommen wird.

Denken Sie bei alldem vor allem auch an eines: Die meisten Mitglieder Ihres Teams wären sicherlich lieber am Arbeitsplatz mit ihren Kollegen als alleine zuhause. Fast niemand mag Isolation und Zwänge.

Es ist als Führungskraft daher an Ihnen, dem entgegenzuwirken und ein Teamgefühl zu generieren. Berichten Sie dem Einzelnen auch immer vom gesamten Team, so bleibt ein Zugehörigkeitsgefühl erhalten. Loben Sie, haben Sie Verständnis und seien Sie nachsichtig.

Nach der Krise wird man sich daran erinnern, dass Sie einfühlsam die Fahne hochgehalten haben und man wird Ihnen dankbar sein. Vielleicht erwächst daraus sogar ein hohes Maß an Commitment und Loyalität dem Unternehmen gegenüber. Und wenn alles gut läuft, geht vielleicht sogar ein gestärktes Team aus der Krise hervor.

## Distant Socializing und Fit im Homeoffice

Das Thema Homeoffice während der weltweiten Corona-Pandemie ist und war eine völlig neue Herausforderung für alle von uns. Viele Arbeitnehmer und Familien fühlen sich überfordert, vor allem aufgrund der vielen Einschränkungen und der damit verbundenen zusätzlichen Herausforderungen in unserem Alltag.

Als Arbeitgeber wurde man sogar mehr oder minder dazu gezwungen, sich mit dem Thema Homeoffice noch viel intensiver auseinanderzusetzen. Es ist eine Zeit der Veränderung, des Überdenkens, des Strukturierens und des Wandels. Alles setzt sich neu zusammen, somit auch das Thema Homeoffice. Seit März 2020 ist unser Alltag auf den Kopf gestellt, sei es privat aber auch unternehmerisch. Wir treten in ein neues, digitales Zeitalter des Arbeitens ein, welches uns allen, soweit dies in der Praxis möglich ist, auch das Arbeiten von zu Hause aus ermöglicht.

Sowohl psychisch und physisch ist es allerdings eine riesige Herausforderung für jeden Einzelnen von uns und wir beschäftigen uns permanent mit Fragen wie diesen:

- Wie sozialisieren wir uns und schaffen Beziehungen zueinander trotz »Social Distancing«?
- Wie halten wir unsere Mitarbeiter weiterhin gesund und bei Laune?
- Wie können wir unsere Mitarbeiter trotz der räumlichen Distanz virtuell führen?
- Wie halten wir unsere Teams weiterhin ans Unternehmen gebunden?
- Wie halten wir die Verbindung zu unseren Mitarbeitern?
- Wie gestalten wir unseren Homeoffice Arbeitstag?
- Was müssen wir als Arbeitgeber beachten?
- Was machen wir und unsere Mitarbeiter mit der gewonnenen Zeit, die wir sonst auf der Straße, im Zug oder im Bus verbringen?

Wichtig ist es zu wissen, dass Sie und damit auch Ihre Mitarbeiter im Homeoffice gewisse Rituale beibehalten sollten, die man aus dem normalen Arbeitstag kennt. Außerdem sollten Sie zusätzlich neue Rituale entwickeln und adaptieren. Ein routinierter Tagesablauf gibt Halt und Sicherheit, vor allem in »unsicheren Zeiten«. Um effektiv und erfolgreich in den Tag zu starten, brauchen wir Routinen. Es ist wichtig, dass Ihre Mitarbeiter nach wie vor feste Zeiten haben und einen geregelten Tagesablauf.

Als nächstes sind Tagesziele und einzelne Aufgaben wichtig. Um die Intention und Tagesziele besser zu formulieren, sollten Sie diese gemeinsam mit Ihren Mitarbeitern abstimmen. Zum Feierabend können Sie vorschlagen, die Tagesziele oder Ergebnisse schriftlich festzuhalten.

Wie bereits erwähnt: auch die Kleidung ist sehr wichtig. Das, was Sie tragen bestimmt, wie erfolgreich Sie und Ihr Tag sein werden. Man strahlt dadurch quasi seine Körperhaltung aus, selbst wenn man nicht gesehen wird. Geben Sie das auch Ihren Mitarbeitern mit auf den Weg.

## ■ Auf die Ernährung achten!

Motivieren Sie Ihre Mitarbeiter zu einem gemeinsamen virtuellen Frühstück, Mittagessen oder einem Kaffee mit den Teamkollegen.

Eine gesunde Ernährung, reichhaltig an Vitaminen und Mineralien, ist gerade in diesen Zeiten für ein gesundes Immunsystem unerlässlich. An Ihrem Arbeitsplatz ausreichend zu trinken, sollte ebenfalls nicht vernachlässigt werden. Auch regelmäßige Pausen sind wichtig.

*Gemeinsame virtuelle Mittagessen.*

## In Bewegung bleiben!

Nicht alle Mitarbeiter verfügen über ein Arbeitszimmer mit einem Schreibtisch. Vielleicht sitzen sie in der Küche oder am Wohnzimmertisch. Auf Dauer kann diese, sicherlich nicht ergonomische Arbeitshaltung, zu Rückenschmerzen oder anderen Problemen führen. Wirken Sie dem frühzeitig entgegen. Fordern und fördern Sie aktive Pausen. Suchen Sie zum Beispiel nach Dehn-Übungen im Internet und leiten Sie diese an Ihre Mitarbeiter weiter. Prüfen Sie, ob Sie Ihren Mitarbeitern Übungen für den Arbeitsplatz zuhause vorschlagen können, vielleicht anhand vorhandener YouTube-Videos?

Die Ergonomie am Schreibtisch im Homeoffice sollte nicht vernachlässigt werden. Man neigt schnell dazu, die Arbeiten am Laptop vom Bett oder dem Sofa aus zu verrichten, ich kenne da so einige dieser Fälle. Diese Art der Sitzposition dient aber leider überhaupt nicht der Gesundheit und der arme Rücken Ihrer Mitarbeiter wird auf Dauer streiken. Was das für Sie als Arbeitgeber bedeutet, muss ich hier sicherlich nicht weiter ausführen.

*Arbeiten am besten an einem richtigen Schreibtisch verrichten.*

Geben Sie Ihren Mitarbeitern regelmäßig Tipps, um »vernünftig« zu sitzen. Zum Beispiel:

- Sitzen Sie aufrecht.
- Versuchen Sie die Füße auf dem Boden zu lassen.
- Halten Sie die Knie in einem Winkel von 90°.
- Platzieren Sie die Unterarme parallel zum Boden und waagerecht auf den Tisch.
- Stellen Sie den Bildschirm gerade vor sich auf den Schreibtisch, damit Sie Ihren Kopf nicht drehen müssen und Verspannungen im Nacken, Schulter und Rücken Bereich vorbeugen.
- Positionieren Sie ihren Schreibtisch so, dass Ihr Blick auf die Mitte des Bildschirms circa 30° abwärts geneigt ist.

Ihre Mitarbeiter sollten außerdem für ein ruhiges Umfeld sorgen. Falls es im Homeoffice nicht gelingt, die Konzentration aufrechtzuerhalten, bieten Spotify, YouTube und Co. eine tolle Möglichkeit, entspannende Musik einzuschalten. Geben Sie Ihren Mitarbeitern den Tipp, beispielsweise in den Playlisten nach Homeoffice-Sounds oder Nature-Sounds zu suchen.

Haben Sie es geschafft, Ihre Mitarbeiter einigermaßen bei Laune und gesund zu halten, stellt sich aber immer noch die Frage, wie man die sozialen Kontakte aufrechterhält, wie man als Arbeitgeber seinen Mitarbeitern das Gefühl vermittelt, dass Sie zwar nicht physisch da aber trotzdem für sie erreichbar sind und auch, wie Sie Mitarbeiter trotz der räumlichen Distanz an das Unternehmen binden.

Menschen sind auf ein Gefühl der Zugehörigkeit und auf soziale Kontakte angewiesen, und deswegen ist es im Homeoffice umso wichtiger, die sonst täglich so selbstverständlichen persönlichen Kontakte aufrechtzuerhalten.

Mittlerweile gibt es für die Kommunikation im Homeoffice diverse Kommunikationstools (wie zum Beispiel Teams, Zoom, Lync etc.), die genutzt werden können, um mit Vorgesetzten, Kollegen und Mitarbeitern in Kontakt zu bleiben.

**Es ist wichtig, im Austausch zu bleiben!** Daher ist es auch zu empfehlen, in regelmäßigen Abständen wöchentliche oder tägliche Audio- oder Video-Meetings mit seinen Kollegen abzuhalten.

Die Kommunikationstools können auch in der Mittagszeit für gemeinsame Mittagspausen genutzt werden.

Um sich die Beine zu vertreten, reicht es aus, die Audio-Meetings oder Telefonate zum Beispiel als »Geh-Pausen« zu nutzen. So gewährleisten Sie auch im Homeoffice regelmäßige Bewegung. Denn im Homeoffice ist die weiteste Strecke, die wir laufen, meistens vom Schreibtisch bis zur Küche oder Toilette.

Halten Sie Ihre Mitarbeiter außerdem an, ihr Homeoffice regelmäßig zu lüften oder den Balkon oder den Garten zu nutzen, um Luft und Sonne zu tanken. Ganz nebenbei hilft dies auch dabei, den Kopf frei zu bekommen. Somit versorgen sich Ihre Mitarbeiter mit einer guten Ladung Vitamin D, Sauerstoff und Energie, die es für eine gute Konzentration benötigt. Trinken Sie ausreichend Wasser und Tee und machen Sie bewusste kleine Unterbrechungen. Motivieren Sie auch Ihre Mitarbeiter immer wieder, dies zu tun.

Stehen Sie auf und schütteln Sie Ihre Arme und Beine zwischendurch auch einmal aus oder starten Sie die virtuellen Meetings mit kleinen Ritualen wie zum Beispiel Lockerungsübungen. Es ist wichtig, sich einen körperlichen Ausgleich zu schaffen. Wenn wir uns bewegen, bauen wir Stress ab. Durch die Bewegung bringen wir unseren Kreislauf in Schwung, versorgen unseren Körper mit Sauerstoff, den wir für ein optimal funktionierendes und leistungsfähiges Gehirn und die Versorgung unserer Organe brauchen. Außerdem schütten wir Glückshormone wie Dopamin, Serotonin und Endorphine aus, die uns mit einer guten Laune ausstatten.

*Körperlichen Ausgleich schaffen.*

**Tipp:**

Sollten Sie beziehungsweise Ihre Mitarbeiter mal einen Leerlauf haben oder unkonzentriert sein, nutzen Sie die Mittagspause, um sich mit Essen und Trinken zu stärken.
Gehen Sie eine längere Runde spazieren, joggen oder legen ein kleines Work-Out nach der Arbeit ein.
Gründen Sie neben der virtuellen Mittagspause auch virtuelle Sportgruppen und bitten Sie Ihre Mitarbeiter, eigene Ideen zu entwickeln.

# RECHTLICHE ASPEKTE DES HOMEOFFICE

## Corona-Arbeitsschutzverordnung der Bundesregierung[5]

Aufgrund der Corona-Pandemie sind viele Mitarbeiter im Homeoffice tätig. Im Januar des Jahres 2021 gab es hierzu deshalb einen Bund-Länder-Beschluss, der allerdings zunächst befristet gültig ist. In dem Beschluss heißt es, dass Arbeitgeber ihren Arbeitnehmern, wo betrieblich möglich, Homeoffice grundsätzlich anbieten müssen. Allerdings sind die Mitarbeiter wiederum nicht dazu verpflichtet, das Angebot des Homeoffice auch für sich zu nutzen.

Bundesarbeitsminister Hubertus Heil möchte im nächsten Schritt sogar das Recht auf mobile Arbeit in Zukunft gesetzlich verankern lassen, indem er ein »Mobile-Arbeit-Gesetz« verabschiedet und damit verlässliche gesetzliche Rahmenbedingungen schafft. Der Referentenentwurf befand sich nach der redaktionellen Abgabe für die Neuauflage des Buches bereits in der Ressortabstimmung bei der Bundesregierung.

**Hinweis:** Die folgenden Informationen sind nicht als Rechtsberatung zu verstehen, sondern beruhen auf Informationen von Rechtsanwälten beziehungsweise auf meiner Praxiserfahrung. Ein Großteil der Inhalte wurde von Andreas Rüther, Fachanwalt für Arbeitsrecht, formuliert.

Sollten Sie als Arbeitgeber über die Einrichtung eines Homeoffice nachdenken, so besprechen Sie sich in jedem Fall mit einem Juristen oder Ihrem zuständigen Arbeitgeberverband.

Beim Thema Telearbeit gibt es diverse Vorschriften, die beachtet und eingehalten werden müssen. Generell gelten folgende Anforderungen an einen Telearbeitsplatz:

Bei einem Telearbeitsplatz muss der Mitarbeiter im eigenen Haushalt einen separaten, abschließbaren Raum vorweisen können. Dieser muss für den dauerhaften Aufenthalt von Personen zugelassen sowie zur Aufgabenerledigung des Mitarbeiters geeignet sein (keine Garage oder Geräteschuppen).

Der häusliche Telearbeitsplatz muss den Anforderungen von Arbeitsschutzgesetz (ArbSchG), Arbeitsstättenverordnung (ArbStättV), Unfallverhütungsvorschriften und sonstigen Bestimmungen entsprechen.

Sofern die häusliche Arbeitsstätte nicht alleiniges Eigentum des Mitarbeiters ist, hat der Mitarbeiter vor Abschluss des Telearbeitsvertrages seinem Arbeitgeber eine Erklärung abzugeben, in der er versichert, dass die Miteigentümer sich mit der Nutzung als häusliche Arbeitsstätte (Homeoffice) einverstanden erklären.

Der Mitarbeiter ist verpflichtet, in dem als häusliche Arbeitsstätte zu nutzenden Homeoffice-Raum die erforderlichen technischen Anschlusseinrichtungen vorzuhalten.

Von Bedeutung für einen Telearbeitsplatz ist neben der genannten Arbeitsstättenverordnung und den Unfallverhütungsvorschriften (zum Beispiel: DGUV I 215-410) ebenfalls das Arbeitszeitgesetz (ArbZG).

Zudem muss ein Telearbeitsplatz arbeitsvertraglich oder in einer Vereinbarung festgelegt werden, es sei denn, es liegt bereits eine Betriebsvereinbarung oder ein Tarifvertrag mit einer solchen Regelung vor.

## Arbeitsschutz und Unfallverhütung

Sämtliche Arbeitsschutzvorschriften gelten auch für die Arbeit im Homeoffice, insbesondere das Arbeitsschutzgesetz (ArbSchG). Anhand der Generalklauseln in den §§ 3, 4 ArbSchG sind zahlreiche Rechtsverordnungen erlassen worden, die die Anforderungen an die Gestaltung der Arbeit und der Arbeitsabläufe detailliert vorgeben, insbesondere die Arbeitsstättenverordnung (ArbStättV).

Der § 2 Abs. 7 der Arbeitsstättenverordnung regelt zum Beispiel ausdrücklich die Telearbeit. Demnach muss der Telearbeitsplatz den Anforderungen der Arbeitsstättenverordnung genügen, wenn es sich hier nicht um das reine mobile Arbeiten handelt.

Telearbeitsplätze sind nach der Definition des § 2 Abs. 7 ArbStättV »vom Arbeitgeber fest eingerichtete Bildschirmarbeitsplätze im Privatbereich der Beschäftigten, für die der Arbeitgeber eine mit den Beschäftigten vereinbarte wöchentliche Arbeitszeit und die Dauer der Einrichtung festgelegt hat.

Ein Telearbeitsplatz ist vom Arbeitgeber erst dann eingerichtet, wenn Arbeitgeber und Beschäftigte die Bedingungen der Telearbeit arbeitsvertraglich oder im Rahmen einer Vereinbarung festgelegt haben und die benötigte Ausstattung des Telearbeitsplatzes mit Mobiliar, Arbeitsmitteln einschließlich der Kommunikationseinrichtungen durch den Arbeitgeber oder eine von ihm beauftragte Person im Privatbereich des Beschäftigten bereitgestellt und installiert ist.«

## Gefährdungsbeurteilung

Gemäß § 5 ArbSchG ist der Arbeitgeber verpflichtet, »die erforderlichen Maßnahmen des Arbeitsschutzes unter Berücksichtigung der Umstände zu treffen, die Sicherheit und Gesundheit der Beschäftigten bei der Arbeit beeinflussen. Er hat die Maßnahmen auf ihre Wirksamkeit zu überprüfen und erforderlichenfalls sich ändernden Gegebenheiten anzupassen.«

Der § 3 der ArbStättV regelt dazu die sogenannte Gefährdungsbeurteilung.

»Bei der Beurteilung der Arbeitsbedingungen nach § 5 des Arbeitsschutzgesetzes hat der Arbeitgeber zunächst festzustellen, ob die Beschäftigten Gefährdungen beim Einrichten und Betreiben von Arbeitsstätten ausgesetzt sind oder ausgesetzt sein können. Ist dies der Fall, hat er alle möglichen Gefährdungen der Sicherheit und der Gesundheit der Beschäftigten zu beurteilen und dabei die Auswirkungen der Arbeitsorganisation und der Arbeitsabläufe in der Arbeitsstätte zu berücksichtigen. Bei der Gefährdungsbeurteilung hat er die physischen und psychischen Belastungen sowie bei Bildschirmarbeitsplätzen insbesondere die Belastungen der Augen oder die Gefährdung des Sehvermögens der Beschäftigten zu berücksichtigen. Entsprechend dem Ergebnis der Gefährdungsbeurteilung hat der Arbeitgeber Maßnahmen zum

Schutz der Beschäftigten gemäß den Vorschriften dieser Verordnung einschließlich ihres Anhangs nach dem Stand der Technik, Arbeitsmedizin und Hygiene festzulegen. Sonstige gesicherte arbeitswissenschaftliche Erkenntnisse sind zu berücksichtigen.«

Genau hier besteht die praktische Schwierigkeit: Wie soll der Arbeitgeber diese Prüfung und Beurteilung im Sinne der gesetzlich auferlegten Schutzpflichten durchführen? Schließlich hat er grundsätzlich erstmal kein Zugangsrecht zu den privaten Räumlichkeiten des Mitarbeiters. Das besagt Artikel 13 des deutschen Grundgesetzes (GG), der das Grundrecht der Unverletzlichkeit der Wohnung gewährleistet.

In der Praxis wird hier gerne die Mitwirkungspflicht des Arbeitnehmers nach § 15 und 16 ArbSchG herangezogen. Der § 15 ArbSchG regelt, dass die Beschäftigten verpflichtet sind, »nach ihren Möglichkeiten sowie gemäß der Unterweisung und Weisung des Arbeitgebers für ihre Sicherheit und Gesundheit bei der Arbeit Sorge zu tragen.« Laut § 16 ArbSchG haben die Beschäftigten »gemeinsam mit dem Betriebsarzt und der Fachkraft für Arbeitssicherheit den Arbeitgeber darin zu unterstützen, die Sicherheit und den Gesundheitsschutz der Beschäftigten bei der Arbeit zu gewährleisten und seine Pflichten entsprechend den behördlichen Auflagen zu erfüllen.«

Als Einstiegshilfe in die Gefährdungsbeurteilung finden Sie eine Checkliste Büroarbeitsplatz im Link- und Quellenverzeichnis.

## ■ Unterweisung

Neben der Gefährdungsbeurteilung stellt die in § 12 ArbSchG festgelegte Unterweisung die zweite wichtige Säule des Arbeitsschutzes im Homeoffice dar. »Der Arbeitgeber hat die Beschäftigten über Sicherheit und Gesundheitsschutz bei der Arbeit während ihrer Arbeitszeit ausreichend und angemessen zu unterweisen.«

Mein Tipp: Nehmen Sie das Thema Arbeitsschutz, Gefährdungsbeurteilung und Arbeitsstätten-Begehung nicht auf die leichte Schulter. Solange nichts passiert im Homeoffice, ist alles gut. Sollte jedoch jemand zu Schaden kommen, wird die Berufsgenossenschaft die Gefährdungsbeurteilung und den Nachweis der Unterweisung nach § 12 ArbSchG verlangen.

Fertigen Sie bei einer Begehung des Arbeitsplatzes im Homeoffice Ihres Mitarbeiters eine aussagekräftige Fotodokumentation an, in der die Größenverhältnisse und Abstände von Möbeln und Geräten zu sehen sind.

## Unfallversicherung

Als Arbeitnehmer sind Ihre Mitarbeiter kraft Gesetzes über eine der neun nach Branchen gegliederten Berufsgenossenschaften oder bei einem anderen zuständigen Unfallversicherungsträger versichert. Die Grundlagen der gesetzlichen Unfallversicherung sind im Siebten Buch des Sozialgesetzbuches (SGB VII) festgeschrieben. Erleidet Ihr Mitarbeiter beispielsweise während seiner Arbeitstätigkeit oder auf dem Weg zwischen Wohnort und Arbeitsplatz einen Unfall, so handelt es sich um einen versicherten Arbeitsunfall.

Arbeitsunfälle sind gem. § 8 Abs. 1 SGB VII Unfälle von Versicherten infolge einer den Versicherungsschutz begründenden Tätigkeit. Entscheidend ist somit, ob ein innerer Zusammenhang zwischen dem zum Unfall führenden Geschehen und der betrieblichen Tätigkeit besteht.

Das ist bei der Arbeit im Homeoffice teilweise schwierig zu beurteilen, da bei vielen Geschehensabläufen Abgrenzungsprobleme auftreten. So wäre zum Beispiel in einer Betriebsstätte der Gang zur Kaffeeküche oder zur Toilette vom gesetzlichen Unfallschutz umfasst, im Homeoffice ist das nicht so. Holt sich der Arbeitnehmer im Homeoffice ein Getränk aus seiner Küche oder geht er zur Toilette, so handelt er nach gefestigter Rechtsprechung nicht in Erfüllung des gesetzlichen Versicherungstatbestandes als Beschäftigter, sondern ausschließlich im eigenwirtschaftlichen Interesse. Es besteht dann kein Versicherungsschutz in der gesetzlichen Unfallversicherung.

Man muss sagen, dass Arbeitnehmer im Homeoffice schlechter gestellt sind als diejenigen, die im Betrieb des Arbeitgebers arbeiten. Hier sollten Sie vielleicht über eine private Unfallversicherung nachdenken und auch über die Verteilung der durch den Abschluss einer solchen Versicherung entstehenden Kosten.

Ein anderer Punkt sind berufliche Fahrten zum Beispiel mit dem eigenen Pkw. Ein Mitarbeiter sollte regelmäßig im Betrieb auftauchen, das hatte ich mehrfach betont. Die Fahrten dorthin und die Rückfahrten sowie einzelne Fahrten zu Meetings im Büro sind natürlich als Dienstwege gesetzlich unfallversichert. Allerdings muss immer der Einzelfall betrachtet werden. Kein Fall ist gleich.

Wird für einen beschränkten Zeitraum Homeoffice empfohlen oder angeordnet, handelt es sich aus Arbeitsschutzsicht um mobile Arbeit. Sie ist abzugrenzen von der klassischen Form des Homeoffice, der Telearbeit.

## Arbeitszeit

Für die Arbeitszeit und ihre Erfassung gilt im Homeoffice grundsätzlich nichts anderes als im Betrieb. Auch im Homeoffice unterliegt die Lage der Arbeitszeit dem Direktionsrecht des Arbeitgebers. Er kann die Arbeitszeit also festlegen. Andererseits soll ein Homeoffice-Arbeitsplatz insbesondere auch zur Flexibilisierung der Arbeitszeit genutzt werden. Es empfiehlt sich deshalb, bestimmte Zeiten festzulegen, in denen die Erreichbarkeit des Mitarbeiters sichergestellt sein muss. Die restliche Arbeitszeit kann der Mitarbeiter selbst einteilen.

### ■ Arbeitszeitgesetz

In jedem Fall muss der Mitarbeiter aber verpflichtet werden, selbstständig auf die Einhaltung der zwingenden Regelungen des Arbeitszeitgesetzes (ArbZG) zu achten. Der Arbeitgeber hat ja im Homeoffice kaum Kontrollmöglichkeiten.

Die arbeitszeitrechtlichen Vorgaben des ArbZG gelten auch im Homeoffice uneingeschränkt. Häufiger als im Betrieb wird es einen Wechsel von Arbeitstätigkeit und Freizeit geben. Das Homeoffice dient ja häufig der besseren Vereinbarkeit von Arbeitstätigkeit mit den Anforderungen der Familie. Hier ist die zwingend vorgeschriebene Ruhezeit von elf Stunden zwischen zwei Arbeitstagen zu beachten.

Das Urteil des EUGH vom 14.05.2019 – C-5518 schreibt erstmals eine Arbeitszeiterfassung aller Arbeitnehmer vor. Der Arbeitgeber kann diese Pflicht an den Arbeitnehmer delegieren. Um die sich daraus ergebenden Vorgaben zu erfüllen, sollte der Arbeitnehmer ein Arbeitszeittagebuch führen. Das geht digital oder in Papierform. Erfasst werden sollen dort alle Einsatzzeiten und Pausenzeiten, auch Ausfallzeiten wie Krankheit, Urlaub und Arbeitsbefreiung. Diese Aufzeichnungen sind regelmäßig dem Arbeitgeber zur Verfügung zu stellen und müssen von diesem regelmäßig überprüft werden.

Das Arbeitszeitgesetz (ArbZG) können Sie im Internet nachlesen oder Ihren Arbeitsrechtler beziehungsweise den Arbeitgeberverband fragen.

*Das Arbeitszeitgesetz schreibt die korrekte Erfassung der geleisteten Arbeitszeit vor.*

### ■ Arbeitszeitnachweis

Da Sie als Arbeitgeber für die Einhaltung des Arbeitszeitgesetzes haften, sollten Sie mit Ihren Mitarbeitern eine Regelung treffen, dass die Arbeitszeiten aufgeschrieben werden. Eine Form ist hier nicht vorgeschrieben. Es genügt, wenn Ihre Mitarbeiter eine entsprechende Excel-Tabelle führen oder anderweitig, zum Beispiel über ein Online-Tool/System, aufzeichnen.

Auf dem Markt existieren viele verschiedene Lösungen für Desktop, Tablet oder Smartphone und für alle Unternehmensgrößen vom Einzelunternehmer bis zum Großunternehmen.

Den Link zu einer Vorlage für eine Excel-Tabelle finden Sie im Link- und Quellenverzeichnis.

## Arbeitsvertrag beziehungsweise Ergänzungsvereinbarung

Beachten Sie, dass weder der Arbeitnehmer einen Anspruch auf Arbeit im Homeoffice hat, noch der Arbeitgeber ein Weisungsrecht hat, den Arbeitnehmer ins Homeoffice zu entsenden. Es bedarf immer irgendeiner vertraglichen Regelung. Möglicherweise enthält eine Betriebsvereinbarung oder ein Tarifvertrag bereits eine solche Regelung.

Sie sollten in jedem Fall die Nutzung im Homeoffice, egal ob permanent oder bedarfsorientiert, in einem Vertrag bzw. einer Ergänzungsvereinbarung zum bestehenden Arbeitsvertrag regeln. Grundsätzlich steht es Ihnen frei, was Sie im Rahmen eines Vertrags festlegen wollen. Es gibt jedoch einige Punkte, die Sie unter allen Umständen berücksichtigen sollten.

## Arbeitsort

Das Homeoffice sollte nicht der alleinige Arbeitsort sein, weil sonst die Fahrten zum Firmensitz Ihres Unternehmens als angeordnete Dienstfahrten und damit als Arbeitszeit anzusehen sind. Besser ist es, wenn sowohl Homeoffice als auch Firmensitz als Arbeitsort vereinbart werden. Im Vertrag sollte außerdem eine Regelung zu den Fahrtkosten zwischen dem Homeoffice und dem Firmensitz stehen.

## Arbeitszeiten

Im Arbeitsvertrag oder der Zusatzvereinbarung sollte unbedingt festgelegt werden, an welchen Tagen und zu welchen (Kern-)Arbeitszeiten der Arbeitnehmer im Homeoffice arbeitet und an welchen Tagen und zu welchen Uhrzeiten er in der Betriebsstätte arbeitet.

Zudem sollte klar geregelt sein, wann der Arbeitnehmer erreichbar sein muss und was unter Erreichbarkeit zu verstehen ist.

## Arbeitszeiterfassung

Es sollte festgelegt sein, in welcher Form der Arbeitnehmer seine Arbeitszeit im Homeoffice dokumentieren und in welcher Form er die Aufzeichnungen wann einreichen muss.

*Die Arbeitszeiterfassung sollte klar geregelt sein.*

## Arbeitsmittel

Im Arbeitsvertrag oder der Zusatzvereinbarung sollte festgehalten werden, dass der Mitarbeiter verpflichtet ist, die vom Arbeitgeber bereitgestellten Arbeitsmittel allein und ausschließlich für berufliche Zwecke zu nutzen.

Der Mitarbeiter muss zudem dafür sorgen, dass die überlassenen Arbeitsmittel vor dem Zugriff durch Familienangehörige oder sonstige Dritte geschützt sind. Insbesondere hat er sicherzustellen, dass diese Arbeitsmittel weder von ihm selbst noch von Familienangehörigen oder sonstigen Dritten für private Zwecke (zum Beispiel Spiele, Internet) genutzt werden.

Passwörter und Zugangswege zum Datennetz des Arbeitgebers dürfen nicht an Familienangehörige oder sonstige Dritte herausgegeben werden.

Die Nutzung der überlassenen Kommunikationsmittel kann der Arbeitgeber durch geeignete technische Maßnahmen einschränken und überprüfen.

## Kostenübernahme/ Aufwendungsersatz

Durch das Arbeiten von Zuhause können dem Arbeitnehmer Kosten entstehen. Dies können neben höheren Betriebskosten (Heizkosten, Stromkosten, Kosten für Telefon und Internet) auch Kosten für den Raum sein, den er dem Arbeitgeber sozusagen zur Nutzung zur Verfügung stellt. Das Arbeiten daheim bedeutet nicht, dass der Arbeitnehmer seinen privaten Wohnraum kostenlos dem Arbeitgeber zur Verfügung stellen muss. § 670 BGB regelt, dass der Auftraggeber (hier Arbeitgeber) für Aufwendungen des Beauftragten (hier Arbeitnehmer) zum Zwecke der Ausführung des Auftrags zum Ersatz verpflichtet ist.

Die Kostenerstattung für die häusliche Arbeitsstätte ist genau im Arbeitsvertrag oder der Zusatzvereinbarung festzulegen. Dazu gehört, welche Kosten in welcher Höhe und in welcher Form erstattet werden. Es ist auch möglich, den Aufwendungsersatzanspruch explizit auszuschließen, denn § 670 BGB ist abdingbar (d. h. er kann durch vertragliche Vereinbarungen außer Kraft gesetzt werden).

## ■ Zutrittsrecht

Damit der Arbeitgeber die Einhaltung seiner rechtlichen Verpflichtungen zum Arbeitsschutz überprüfen kann, sollte unbedingt ein Zutrittsrecht für ihn und von ihm beauftragte Personen (wie Betriebsarzt, Datenschutzbeauftragte, Fachkraft für Arbeitssicherheit, Betriebsrat) vereinbart werden. Zugleich sollten Sie festlegen, unter welchen Voraussetzungen (zum Beispiel Ankündigungsfrist) es ausgeübt werden darf.

Der Arbeitnehmer sollte auch dazu verpflichtet werden, dafür Sorge zu tragen, dass die mit ihm in häuslicher Gemeinschaft lebenden Personen mit der Zugangsregelung einverstanden sind.

Links zu Musterverträgen finden Sie im Link- und Quellenverzeichnis.

## Datenschutz

Der Arbeitnehmer muss darauf hingewiesen werden, dass alle arbeitsvertraglichen, kollektiven und gesetzlichen Regelungen, die dem Datenschutz und der Datensicherheit dienen, im Homeoffice genauso gelten wie im Betrieb. Der Arbeitnehmer ist zu verpflichten, alle notwendigen Maßnahmen zu ergreifen, die geeignet sind, um den Zugriff von Dritten auf Daten und Informationen des Arbeitgebers zu verhindern. Man kann vereinbaren, dass sich der Homeoffice-Arbeitsplatz in einem abschließbaren Raum befinden muss, wer Zugang zu diesem Raum hat und mit welchen Schließsystemen er gesichert wird. Es kann auch geregelt werden, wie die Verbindung zur IT des Arbeitgebers erfolgt. Der Arbeitnehmer sollte verpflichtet werden, Zugangsdaten und Passwörter nicht an Dritte weiterzugeben oder diesen zugänglich zu machen und dienstliche Dokumente in einem verschließbaren Schrank zu verwahren, soweit sie nicht unmittelbar genutzt werden.

## Beendigung des Homeoffice

Grundsätzlich kann die Homeoffice-Tätigkeit jederzeit durch einvernehmliche Änderung des Vertrages beendet werden. Tatsächlich können sich aber auch für Arbeitnehmer oder Arbeitgeber die Umstände so ändern, dass sie sich einseitig von der Vereinbarung lösen wollen. Der Arbeitgeber könnte dies durch Ausübung seines Direktionsrechtes versuchen, also wieder einen betrieblichen Arbeitsplatz zuweisen. Dabei muss er aber die Grenzen des billigen Ermessens nach § 106 Satz 1 GewO einhalten. Das ist anhand einer umfassenden Interessenabwägung zu prüfen. Dabei kommt es sicherlich darauf an, wie weit die Betriebsstätte von der Wohnung des Arbeitnehmers entfernt ist und ob der Arbeitnehmer in der Lage ist, den familiären Pflichten nachzukommen, insbesondere bei alleinerziehenden Elternteilen. Ansonsten käme eine Änderungskündigung zur Beendigung der Tätigkeit im Homeoffice in Betracht.

Um Streit zu vermeiden, sollte man eine vertragliche Regelung vereinbaren, die klar macht, unter welchen Bedingungen die Arbeit im Homeoffice beendet werden kann.

Die Lebensumstände des Arbeitnehmers können sich so verändern, dass die Arbeit im Homeoffice nicht mehr möglich ist: Der Raum muss als Kinderzimmer genutzt werden, eine Trennung vom Partner steht an oder die Wohnung wird wegen Eigenbedarfs gekündigt.

Dem Arbeitnehmer sollte also gestattet werden, die Aufhebung der Vereinbarung über die Tätigkeit im Homeoffice zu verlangen zum Beispiel mit einer Frist von einem Monat zum Monatsende, ohne dass es dafür einer näheren Begründung bedarf.

Auch der Arbeitgeber muss die Erlaubnis zur Arbeit im Homeoffice widerrufen können. Da der einseitige Widerruf von Arbeitsbedingungen im Arbeitsvertrag aber den strengen Vorgaben zur Inhaltskontrolle von Formularbedingungen nach §§ 305 ff BGB genügen muss, darf der Arbeitgeber nicht frei über den Widerruf entscheiden. Es sind vielmehr Gründe zu benennen, bei deren Vorliegen der Arbeitgeber unter Berücksichtigung billigen Ermessens mit einer bestimmten Frist seine Erlaubnis widerrufen kann. Das können betriebliche Gründe sein, die die Interessen des Arbeitnehmers an einer Tätigkeit im Homeoffice überwiegen, aber auch verhaltensbedingte oder personenbedingte Gründe beim Arbeitnehmer, zum Beispiel wenn die Aufrechterhaltung aus rechtlichen, wirtschaftlichen oder technischen Gründen einen unverhältnismäßig hohen Aufwand erfordert oder die Einhaltung datenschutzrechtlicher Vorschriften nicht hinreichend gewährleistet werden kann.

## Mitbestimmungsrecht

Besteht ein Betriebsrat, ist dieser auch für Arbeitnehmer zuständig, die im Homeoffice beschäftigt werden. Dabei ist allerdings die grundsätzliche Entscheidung des Arbeitgebers, ob er die Arbeit im Homeoffice ermöglichen möchte oder nicht, mitbestimmungsfrei. Ist die Entscheidung für das Homeoffice getroffen, gibt es eine Vielzahl mitbestimmungspflichtiger Themen.

Es empfiehlt sich deshalb eine Betriebsvereinbarung über die Tätigkeit von Betriebsangehörigen im Homeoffice. Eine Betriebsvereinbarung gilt unmittelbar und zwingend für alle Arbeitsverhältnisse, die unter den Geltungsbereich der Betriebsvereinbarung fallen.

Der Abschluss einer solchen Betriebsvereinbarung ist weniger aufwendig als die alternativ erforderliche Vielzahl von Einzelvereinbarungen mit jedem Arbeitnehmer. Entsteht Änderungsbedarf im Hinblick auf die einmal getroffene Regelung, ist eine Betriebsvereinbarung auch leichter abänderbar als eine Vielzahl von Einzelvereinbarungen in Arbeitsverträgen. Außerdem sind Betriebsvereinbarungen ausdrücklich vom Anwendungsbereich des AGB-Rechts ausgenommen. Die strengen Vorgaben zur Inhaltskontrolle, die bei Individualvereinbarungen mit Arbeitnehmern uneingeschränkt gelten, finden auf Betriebsvereinbarungen keine Anwendung.

Tatsächlich dürfte auch die Mitbestimmung des Betriebsrates bei der Einrichtung von Homeoffice Arbeitsplätzen unter mehreren Aspekten sinnvoll sein.

Dem Mitbestimmungsrecht unterliegt zunächst einmal die Einrichtung und Anwendung technischer Einrichtungen im Homeoffice, die geeignet sind, Verhalten und Leistung des Arbeitnehmers zu überwachen, § 87 Abs. 1 Nr. 6 BetrVG. Dabei kommt es nicht darauf an, dass die technische Einrichtung das Ziel hat, den Arbeitnehmer zu überwachen oder tatsächlich so eingesetzt wird. Es genügt bereits, dass die Einrichtung aufgrund ihrer technischen Gegebenheiten und ihres konkreten Einsatzes dazu geeignet ist, den Arbeitnehmer zu überwachen. Das ist bereits dann der Fall, wenn die Online-Zeiten des Arbeitnehmers nachvollzogen werden können. Das dürfte regelmäßig so sein, da ohne Verbindung zur IT-Struktur des Arbeitgebers ein Homeoffice Arbeitsplatz nur in Ausnahmefällen sinnvoll ist. Auch die Arbeitszeiterfassung im Homeoffice mit einer technischen Einrichtung würde hier das Mitbestimmungsrecht auslösen.

Dem Mitbestimmungsrecht unterliegen alle Verhaltensregelungen, die das sogenannte Ordnungsverhalten, § 87 Abs. 1 Nr. 1 BetrVG des Arbeitnehmers im Homeoffice betreffen. Das sind Regelungen, die den Umgang mit den dienstlichen Arbeitsmitteln regeln, also die Frage, ob PC und Drucker auch privat genutzt werden dürfen. Aber auch Regelungen über das Zutrittsrecht des Arbeitgebers, das ja erforderlich ist, gehören in diesen Bereich.

Ebenfalls der zwingenden Mitbestimmung unterliegen Vereinbarungen zur Arbeitszeit im Homeoffice, § 87 Abs. 1 Nr. 2 BetrVG.

Auch Regelungen über die Verhütung von Arbeitsunfällen und Berufskrankheiten sowie über den Gesundheitsschutz im Rahmen der gesetzlichen Vorschriften oder der Unfallverhütungsvorschriften sind mit dem Betriebsrat abzusprechen, § 87 Abs. 1 Nr. 7 BetrVG.

Da ohne den Abschluss einer Betriebsvereinbarung in Betrieben mit Betriebsrat Homeoffice Arbeitsplätze nicht eingeführt werden können, sollte der Arbeitgeber darauf achten, den Betriebsrat bereits in der Planungsphase zu beteiligen. Hier hat der Betriebsrat einen allgemeinen Unterrichtungsanspruch nach § 80 Abs. 2 BetrVG. Darüber hinaus ist der Arbeitgeber nach § 90 Abs. 2 BetrVG verpflichtet, mit dem Betriebsrat vorgesehene Maßnahmen und ihre Auswirkungen auf Arbeitnehmer, insbesondere auf die Art ihrer Arbeit sowie sich daraus ergebende Anforderungen so rechtzeitig zu beraten, dass der Betriebsrat hierzu Vorschläge und Bedenken äußern kann, die bei der Planung berücksichtigt werden können. Um die Stimmung für Verhandlungen über eine Betriebsvereinbarung nicht zu belasten, sollte der Betriebsrat bereits in einem möglichst frühen Stadium der Planung eingebunden werden.

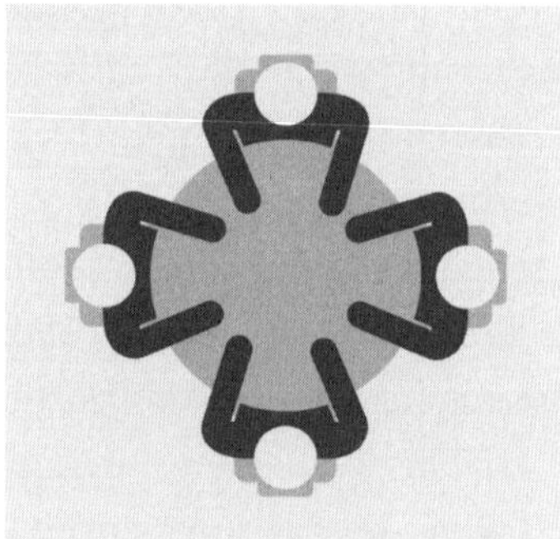

*Setzen Sie sich mit allen Beteiligten rechtzeitig zusammen.*

## Sozialversicherungsrecht

Grundsätzlich hat das Homeoffice keine Berührungspunkte mit dem Sozialversicherungsrecht. Denn es ist für die Sozialversicherung von Mitarbeitern unerheblich, an welchem Ort sie arbeiten.

Ich möchte Sie aber aus gutem Grund an einen Punkt erinnern: Vielfach sind es Teilzeitarbeitskräfte und Minijobber, die im Homeoffice arbeiten, damit der Arbeitgeber für diese Kräfte keinen Arbeitsplatz im Büro einrichten muss. Denken Sie daran, dass für Minijob-Arbeitskräfte andere sozialversicherungsrechtliche Vorschriften gelten als für Arbeitnehmer in sozialversicherungspflichtigen Arbeitsverhältnissen.

Für weitere Informationen hierzu wenden Sie sich bitte an die Minijob-Zentrale. Die Internetadresse lautet https://www.minijob-zentrale.de.

## Mietrecht

Eine angemietete Wohnung ist zum Wohnen da. Auch ohne ausdrückliche Regelung eines solchen Vertragszwecks im Mietvertrag wird von einer entsprechenden stillschweigenden Vereinbarung auszugehen sein. Wohnen umfasst allerdings auch berufliche Tätigkeiten, die in einer nicht nach außen in Erscheinung tretenden Weise ausgeübt werden. Für ein solches Homeoffice bedarf es also keiner Genehmigung des Vermieters. Wann die Ausübung einer beruflichen Tätigkeit den Vertragszweck Wohnen überschreitet, hängt von deren Außenwirkung ab. Wenn es also Publikumsverkehr gibt oder Warenlieferungen in erheblichem Umfang stattfinden, sollte die Genehmigung des Vermieters eingeholt werden. Sonst droht nach erfolgloser Abmahnung auch die Kündigung des Mietverhältnisses.

## Datenschutz

Sensibilisieren Sie Ihre Mitarbeiter für den Umgang mit betrieblichen Daten. Das heißt, dass für personenbezogene Daten ausreichende Schutzmaßnahmen ergriffen werden müssen, sodass zum Beispiel Firmenfremde, auch Personen, die im Haushalt Ihres Mitarbeiters leben, nicht auf diese zugreifen können.

Wenn überhaupt, sollten Ihre Mitarbeiter nur dann mobile Speicherdaten nutzen, wenn diese verschlüsselt sind. Private Unterlagen und Unternehmensinformationen sowie Firmendaten sind immer voneinander zu trennen.

## Auftragsverarbeitung nach Art. 28 DSGVO

Sollte Ihr Unternehmen als sogenannter Auftragsverarbeiter nach Art. 28 DSGVO tätig sein, so müssen Sie Ihrem Auftraggeber hinreichend Garantien dafür bieten, dass geeignete technische und organisatorische Maßnahmen so durchgeführt werden, dass die Verarbeitung im Einklang mit den Anforderungen der DSGVO erfolgt und den Schutz der Rechte der betroffenen Person gewährleistet.

In dem laut Art. 28, Abs. 3 erforderlichen Vertrag zur Auftragsverarbeitung müssen u. a. auch Überprüfungen – einschließlich Inspektionen –, die vom Verantwortlichen oder einem von diesem beauftragten Prüfer durchgeführt werden, festgelegt werden (Buchstabe h).

Wenn Sie als Auftragsdatenverarbeiter im Rahmen der Erbringung Ihrer Dienstleistung auch Mitarbeiter im Homeoffice einsetzen möchten, müssen Sie dafür die Zustimmung des Auftraggebers einholen. Stimmt der Auftraggeber zum Beispiel wegen besonderer Sicherheitsbedürfnisse für seine Daten der Homeoffice-Arbeit nicht zu, können Sie solche Beschäftigten nicht einsetzen. Stimmt er zu, müssen Sie sich als Arbeitgeber um die Sicherheitsbelange im Homeoffice kümmern und sich für das Homeoffice als verantwortlicher Arbeitgeber ein Zugangs- und Kontrollrecht vertraglich einräumen lassen. Ebenfalls vertraglich sollte das Zutrittsrecht des Auftraggebers oder eines von diesem beauftragten Prüfer geregelt sein.

*Achten Sie auf Datensicherheit!*

In der Praxis ist eine Ankündigungsfrist von ca. vier Wochen ausreichend, um Ihnen als Arbeitgeber, Ihrem Datenschutzbeauftragten oder eben dem Auftraggeber die Möglichkeit zu geben, die technischen und organisatorischen Maßnahmen vor Ort zu prüfen.

Viele weitere Informationen zum Thema Datenschutz im Homeoffice finden Sie in einem Informationsblatt des Bundesbeauftragten für den Datenschutz und die Informationsfreiheit. Den Link dorthin finden Sie im Link- und Quellenverzeichnis.

# STEUERRECHTLICHE ASPEKTE DES HOMEOFFICE

Die folgenden Ausführungen stellen keine steuerliche Beratung dar. Alle Inhalte wurden von Herrn StB Daniel Kasper, M.Sc., OPM GmbH Wirtschaftsprüfungsgesellschaft Steuerberatungsgesellschaft, Aachen, formuliert. Es handelt sich nicht um eine steuerrechtliche Abhandlung, sodass sich aufgrund einer vereinfachenden Darstellung abhängig von den Gegebenheiten des Einzelfalls Unschärfen ergeben können. Darüber hinaus kann nicht jeder Einzelaspekt des Themas bis ins letzte Detail behandelt werden, sodass Arbeitgeber und Arbeitnehmer vor Einrichtung des Homeoffice empfohlen wird, eine steuerliche Beurteilung durch einen Steuerberater oder einen Rechtsanwalt einzuholen. Der Autor sowie die OPM GmbH Wirtschaftsprüfungsgesellschaft Steuerberatungsgesellschaft übernehmen keine Haftung für den Inhalt dieses Kapitels.

## Überblick

Der Begriff des Homeoffice ist im deutschen Einkommensteuergesetz nicht definiert. Es finden sich jedoch Regelungen zum sogenannten »häuslichen Arbeitszimmer« in § 4 Abs. 5 S. 1 Nr. 6b EStG. Diese Regelungen, die eigentlich nur für Gewerbetreibende, Selbstständige und Land- und Forstwirte gelten, werden gemäß § 9

Abs. 5 S. 1 EStG auch bei Arbeitnehmern angewandt, sodass es im Ergebnis unter bestimmten Voraussetzungen möglich ist, die Kosten für ein häusliches Arbeitszimmer als Werbungskosten von den Einnahmen aus nichtselbstständiger Arbeit abzuziehen. Die genauen Voraussetzungen und Fallstricke der steuerrechtlichen Beurteilung des Arbeitszimmers sollen im Abschnitt »Kosten für das häusliche Arbeitszimmer« genauer beleuchtet werden.

Darüber hinaus besteht die Möglichkeit einer Vermietung des Homeoffice an den Arbeitgeber. Auf die steuerliche Behandlung dieser vertraglichen Gestaltung wird im Abschnitt »Vermietung des Homeoffice an den Arbeitgeber« eingegangen.

Weiterhin können je nach Gestaltung des Homeoffice weitere steuerliche Fragestellungen auftauchen, von denen die wichtigsten im Abschnitt »Weitere Steuerrechtliche Fragen« behandelt werden sollen.

## Kosten für das häusliche Arbeitszimmer als Werbungskosten

Gemäß § 4 Abs. 5 S. 1 Nr. 6b EStG ist der Abzug von Kosten des häuslichen Arbeitszimmers grundsätzlich ausgeschlossen. Hiervon regelt das Gesetz allerdings zwei Ausnahmen: Bildet das Arbeitszimmer den Mittelpunkt der gesamten beruflichen Tätigkeit, ist ein Werbungskostenabzug in unbeschränkter Höhe möglich, selbst wenn ein anderer Arbeitsplatz zur Verfügung steht. Sofern kein anderer Arbeitsplatz zur Verfügung steht, ist ein Abzug von Werbungskosten bis zur Höhe von 1.250 Euro im Jahr zulässig. Im Folgenden wird ausschließlich auf die steuerlichen Konsequenzen beim Arbeitnehmer eingegangen.

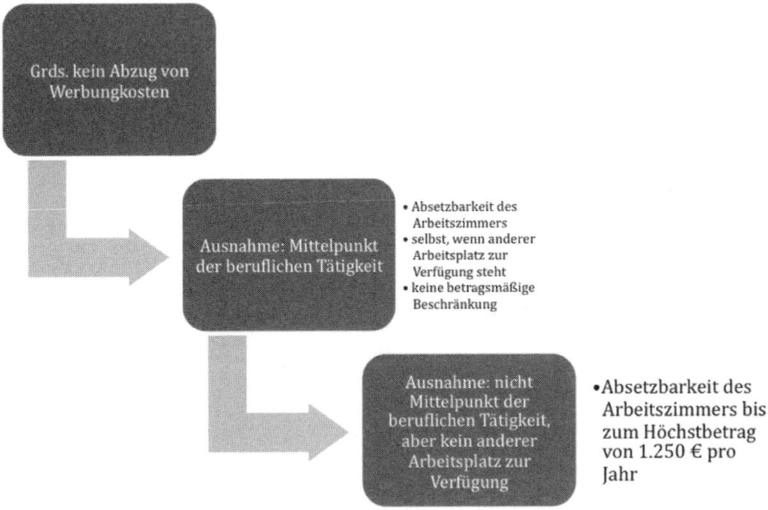


*Kosten für das häusliche Arbeitszimmer.*

## ■ Räumliche Anforderungen an das Arbeitszimmer

Ein Arbeitszimmer im steuerlichen Sinn wird wie folgt definiert: »Ein häusliches Arbeitszimmer ist ein Raum, der seiner Lage, Funktion und Ausstattung nach in die häusliche Sphäre des Steuerpflichtigen eingebunden ist, vorwiegend der Erledigung gedanklicher, schriftlicher, verwaltungstechnischer oder organisatorischer Arbeiten dient und ausschließlich oder nahezu ausschließlich zu betrieblichen und/oder beruflichen Zwecken genutzt wird«.

Hierbei ist eine unwesentliche private Mitbenutzung von maximal 10 Prozent für die Anerkennung als Arbeitszimmer zulässig, wobei anzumerken ist, dass eine prozentuale Dokumentation der nur 10 Prozent umfassenden privaten Nutzung in der Praxis schwierig sein dürfte. Hierbei kann die Ausstattung des Raums ein

Indiz für die ausschließlich berufliche Nutzung sein. Handelt es sich um einen Raum, der ausschließlich mit Büromöbeln ausgestattet ist, wird eine unwesentliche private Nutzung regelmäßig unproblematisch nachzuweisen sein. Sofern ein gemischt genutzter Raum mit Büroausstattung vorliegt, der aber auch für andere Zwecke genutzt wird und wird dies aus der Ausstattung des Raums auch ersichtlich (zum Beispiel Gästezimmer, Bügelzimmer, Hobbyzimmer, Spielzimmer o. Ä.), ist die Anerkennung als Arbeitszimmer im steuerlichen Sinn unwahrscheinlich. Die Finanzämter prüfen diese Voraussetzung erfahrungsgemäß zumindest vereinzelt durch Anforderung von Fotos des Arbeitszimmers oder in Ausnahmefällen durch die sogenannte Einnahme des Augenscheins, also einen persönlichen Besuch des Finanzbeamten.

*Ein Arbeitszimmer muss bestimmte Anforderungen erfüllen.*

Eine Arbeitsecke in einem ansonsten privat genutzten Raum ist immer in nicht unerheblichem Maße auch privat genutzt und kann daher niemals als Arbeitszimmer geltend gemacht werden. Gleichermaßen wird ein Durchgangszimmer nie steuerlich anerkannt, da die Nutzung zum Durchgehen immer eine nicht unwesentliche private Mitbenutzung darstellt. Im Ergebnis muss das Homeoffice also ein abgeschlossener Raum sein, der nur für berufliche Zwecke genutzt wird, um steuerlich anerkannt zu werden.

In jedem Fall muss das Arbeitszimmer aber von seiner Ausstattung und räumlichen Funktion einem Büro entsprechen. Lagerräume, Garagen o. Ä. stellen somit kein häusliches Arbeitszimmer dar.

Die »Einbindung in die häusliche Sphäre des Steuerpflichtigen« ist auch dann gegeben, wenn sich das Arbeitszimmer nicht »hinter der Wohnungstür« befindet. Wenn beispielsweise ein für Bürotätigkeiten geeigneter Keller- oder Dachgeschossraum im selben Mehrfamilienhaus mit der Wohnung zusammen angemietet wurde oder Teil des Miteigentums der Eigentumswohnung ist, ist eine steuerliche Anerkennung nicht aus dem Grunde ausgeschlossen, dass keine direkte Verbindung zu den Wohnräumen besteht. Solange eine unmittelbare Nähe zur Wohnung wie im beschriebenen Beispiel besteht, ist die Voraussetzung der »Einbindung in die häusliche Sphäre« zu bejahen. Fehlt es an dieser Nähe und sind die Räume für berufliche Zwecke angemietet bzw. werden hierfür genutzt, sind die Aufwendungen uneingeschränkt als Werbungskosten abziehbar.

## ■ Mittelpunkt der gesamten beruflichen Tätigkeit

Für den Fall, dass das Arbeitszimmer den Mittelpunkt der gesamten beruflichen Tätigkeit bildet, ist der Abzug der Aufwendungen nicht betragsmäßig beschränkt (§ 4 Abs. 5 S. 1 Nr. 6b S. 3 EStG). Maßgeblich für die Bestimmung des Mittelpunkts der gesamten beruflichen Tätigkeit ist die Frage, ob nach dem Gesamtbild der Verhältnisse und Tätigkeiten des jeweiligen Arbeitnehmers die für die berufliche Tätigkeit wesentlichen Arbeiten im Arbeitszimmer verrichtet werden. Sofern dies der Fall ist, ist ein Werbungskostenabzug für die Kosten des Arbeitszimmers in unbeschränkter Höhe zulässig, selbst wenn ein anderer Arbeitsplatz in den Büroräumen des Arbeitsgebers zur Verfügung steht.

Die Beurteilung des Mittelpunkts der gesamten beruflichen Tätigkeit wird nach der Qualität der im Arbeitszimmer ausgeführten Arbeiten vorgenommen, auf den zeitlichen Umfang der Tätigkeiten im Arbeitszimmer kommt es in der Regel nicht an. Entscheidend ist, dass die das Berufsbild des jeweiligen Arbeitnehmers prägenden Tätigkeiten im Arbeitszimmer ausgeübt werden. Beispielsweise bei einem Softwareentwickler, der seine Programme ausschließlich im Homeoffice schreibt, Meetings nur virtuell wahrnimmt und lediglich für vereinzelte Gespräche mit den Kunden bzw. Anwendern Außentermine wahrnimmt, wird die Voraussetzung des Mittelpunkts der gesamten beruflichen Tätigkeit im Arbeitszimmer in der Regel erfüllt sein. Ein Außendienstmitarbeiter, der lediglich Vor- und Nachbearbeitung im Arbeitszimmer verrichtet, hat hingegen seinen Mittelpunkt der beruflichen Tätigkeit nicht im Arbeitszimmer, sondern im Außendienst. Gleiches gilt für einen Lehrer, der in seinem Arbeitszimmer Unterrichtsvorbereitungen und Klausurkorrekturen erledigt, da die sein Berufsbild prägende Tätigkeit des Unterrichtens im Klassenzimmer stattfindet. Weiterhin können auch nicht Außendienst bzw. Unterricht und Arbeitszimmer gleichzeitig und nebeneinander den Mittelpunkt der beruflichen

Tätigkeit darstellen, da es immer nur einen Mittelpunkt geben kann.

Sofern die Arbeiten qualitativ sowohl im als auch außerhalb des Arbeitszimmers vorgenommen werden, ist ausnahmsweise der zeitliche Umfang der Tätigkeiten für die Frage der Bestimmung des Mittelpunkts der Tätigkeit ausschlaggebend.

## Fehlen eines anderen Arbeitsplatzes

Wie bereits oben beschrieben, sind Aufwendungen für ein Arbeitszimmer nur dann absetzbar, wenn dem Arbeitnehmer kein anderer Arbeitsplatz zur Verfügung steht oder das Arbeitszimmer den Mittelpunkt der gesamten beruflichen Tätigkeit bildet (vgl. hierzu Unterabschnitt »Mittelpunkt der gesamten beruflichen Tätigkeit«). Hierbei ist festzuhalten, dass die Anforderungen an den anderen Arbeitsplatz gering sind. Grundsätzlich ist jeder für Büroarbeiten geeignete Ort ein »anderer Arbeitsplatz«, was zur Folge hat, dass die steuerliche Anerkennung eines Arbeitszimmers stark eingeschränkt ist. Maßgeblich sind hierbei objektive Kriterien. Das subjektive Empfinden des Arbeitnehmers, bestimmte Arbeiten nur im Homeoffice ausüben zu können, ist steuerlich nicht ausschlaggebend. Beispielsweise sind Lärmbelästigungen oder Publikumsverkehr am anderen Arbeitsplatz unerheblich. Auch kommt es auf die Beschaffenheit der Räume und des Arbeitsplatzes nicht an und der Arbeitnehmer muss noch nicht mal über einen eigenen, festen Arbeitsplatz verfügen, da auch ein Poolarbeitsplatz ein anderer Arbeitsplatz im Sinne des Einkommensteuergesetzes ist. Ausreichend ist, dass der Arbeitsplatz so ausgestattet ist, dass der Arbeitnehmer sämtliche Tätigkeiten an diesem Platz ausüben kann, die zu seinem Beruf gehören. Es reicht somit nicht aus, wenn im Homeoffice Tätigkeiten ausgeführt werden, die auch am anderen Arbeitsplatz im betrieblichen Büro hätten ausgeführt werden können.

Unter welchen Voraussetzungen ist dann steuerlich überhaupt ein Arbeitszimmer absetzbar? Für diese Frage ist entscheidend, ob der Arbeitnehmer aufgrund räumlicher oder anderer tatsächlicher Umstände gezwungen ist, einen nicht unerheblichen Teil seiner Arbeiten im Arbeitszimmer auszuüben. Ein Beispiel für eine räumliche Einschränkung ist, wenn die Anzahl der Poolarbeitsplätze die Anzahl der diese nutzenden Arbeitnehmer so stark unterschreitet, dass der Arbeitnehmer die zu erledigenden Arbeiten aus Platzmangel nicht vollständig im Pool-Büro ableisten kann und ins Homeoffice ausweichen muss. Weiterhin wäre ebenfalls ausreichend, wenn die Büroöffnungszeiten so kurz bemessen sind, dass der Arbeitnehmer seine Arbeitszeit in Ermangelung einer ausreichenden Zugangsmöglichkeit zum Büro teilweise im Homeoffice ableisten muss (selbstverständlich nur dann, wenn der Arbeitnehmer auch tatsächlich nicht im Büro arbeiten kann, weil er nicht über Schlüssel/Keycard verfügt). Ein Ausweichen auf das Homeoffice an Wochenenden und Feiertagen ist allerdings nicht ausreichend, sofern die Arbeiten grundsätzlich auch in den Büroräumen des Arbeitgebers hätten erledigt werden können. Dies ist dann nicht der Fall, wenn bestimmte Tätigkeiten nur aus dem Homeoffice heraus ausgeübt werden können, etwa bei Bereitschaftsdiensten am Wochenende.

Eine vertragliche Vereinbarung oder dienstrechtliche Anweisung des Arbeitgebers, in bestimmtem Umfang im Homeoffice arbeiten zu müssen, reicht nicht aus, um einen anderen Arbeitsplatz im steuerlichen Sinne zu begründen, sofern ein Arbeitsplatz in den Büroräumen des Arbeitgebers zur Verfügung steht.

Der Nachweis, dass in den Büroräumen kein anderer Arbeitsplatz zur Verfügung steht, muss vom Arbeitnehmer im Rahmen der Einkommensteuererklärung erbracht werden. Eine entsprechende Bescheinigung des Arbeitgebers ist hierzu grundsätzlich geeignet, wenn sie den tatsächlichen Verhältnissen entspricht. Allerdings werden an diese Bescheinigung hohe Anforderungen gestellt, um Gefälligkeitsbescheinigungen zu vermeiden. Es sollte daher in der Praxis in die Bescheinigung eine sachlich fundierte Begründung aufgenommen werden, warum ein anderer Arbeitsplatz tatsächlich nicht zur Verfügung steht. Beispielsweise sollte bei in nicht ausreichendem Umfang verfügbaren Poolarbeitsplätzen eine Angabe der Arbeitsplätze und der für diese Arbeitsplätze vorgesehenen Vollzeitäquivalente aufgenommen werden.

Für bestimmte Berufsgruppen ist die Frage, ob ein anderer Arbeitsplatz üblicherweise vorliegt, bereits höchstrichterlich geklärt, sodass in diesen Fällen der entsprechende Nachweis in der Regel leichter zu erbringen ist oder sogar ganz entfällt. Beispiele sind Lehrer, die für ihre Unterrichtsvorbereitung keinen geeigneten Arbeitsplatz zur Verfügung haben, Orchestermusiker, die zwecks Vorbereitung auf Proben einen Übungsraum in der eigenen Wohnung eingerichtet haben, sowie Krankenhausärzte, denen für gutachterliche Tätigkeiten kein geeigneter Arbeitsplatz im Krankenhaus zur Verfügung steht.

## Begrenzung des Werbungskostenabzugs

Sofern nach den oben beschriebenen Grundsätzen kein anderer Arbeitsplatz vorhanden ist, dürfen die Kosten für das häusliche Arbeitszimmer ausnahmsweise steuerlich geltend gemacht werden. Hierbei ist der Kostenabzug betragsmäßig auf 1.250 Euro im Jahr begrenzt (§ 4 Abs. 5 S. 1. Nr. 6b S. 2–3 EStG). Dieser Höchstbetrag ist personenbezogen und nicht objektbezogen, sodass die Kosten nur einmal pro Arbeitnehmer bis maximal 1.250 Euro abgezogen werden können. Sofern mehrere Arbeitszimmer bestehen (zum Beispiel im Rahmen einer doppelten Haushaltsführung), sind die Kosten aller Arbeitszimmer maximal mit 1.250 Euro im Jahr abziehbar. Es handelt sich um eine Abzugsbeschränkung und nicht um einen Pauschbetrag, sodass die Kosten nur bei tatsächlichem Nachweis (s. dazu unten »Abziehbare Aufwendungen für das Arbeitszimmer«) in entsprechender Höhe abgezogen werden können. Sofern die tatsächlichen Kosten des Arbeitszimmers also den Höchstbetrag unterschreiten, kommt auch nur ein Abzug in Höhe der niedrigeren tatsächlichen Kosten in Betracht.

Für den Fall, dass sich zwei Steuerpflichtige bzw. Ehegatten oder Lebenspartner ein Arbeitszimmer für ausschließlich oder nahezu ausschließlich berufliche Zwecke teilen, ist für jede Person separat zu prüfen, ob die Voraussetzungen für einen Abzug des Arbeitszimmers in begrenzter Höhe oder sogar in unbegrenzter Höhe (s. dazu oben »Mittelpunkt der gesamten beruflichen Tätigkeit«) vorliegen. Beispielsweise ist es denkbar, dass eine Person keine betragsmäßige Begrenzung des Werbungskostenabzugs vornehmen muss und die andere Person die Kosten nur bis zum Höchstbetrag absetzen kann.

## Beispiel für Begrenzung des Werbungskostenabzugs

*Zwei in häuslicher Lebensgemeinschaft lebende Arbeitnehmer haben in ihrer Wohnung einen gemeinsam genutzten Raum, den sie ausschließlich für berufliche Zwecke nutzen. Person A ist Lehrer und erfüllt damit die Voraussetzungen zum Abzug der Kosten für das Arbeitszimmer bis zum Höchstbetrag von jährlich 1.250 Euro. Person B ist als Übersetzer für einen Fachbuchverlag tätig und verfügt im Verlag über kein Büro. Weiterhin erstellt Person B sämtliche Übersetzungen zuhause. Die Kosten für das Arbeitszimmer betragen jährlich 3.000 Euro und werden von beiden zu gleichen Teilen getragen.*

*Person A kann in der Steuererklärung die Kosten in der Einkommensteuererklärung als Aufwendungen für ein häusliches Arbeitszimmer geltend machen. Allerdings ist der Abzug nicht in voller Höhe von 1.500 Euro möglich, da die betragsmäßige Beschränkung auf 1.250 Euro greift. Person B kann hingegen den tatsächlichen Kostenanteil von 1.500 Euro steuerlich geltend machen.*

## Abwandlung

*Die Kosten für das Arbeitszimmer betragen 2.000 Euro.*

*Person A und B können die Kosten von jeweils 1.000 Euro in der jeweiligen Steuererklärung geltend machen. Die Kostenbeschränkung der Person A läuft wegen der niedrigeren tatsächlichen Kosten ins Leere.*

## Abwandlung

*Beide Personen sind Lehrer und unterliegen damit der Abzugsbeschränkung. Die jährlichen Kosten belaufen sich auf 3.000 Euro.*

*Beide Personen können in ihrer jeweiligen Steuererklärung Aufwendungen in Höhe des Höchstbetrags von 1.250 Euro geltend machen.*

Bei einem unterjährigen Beginn der Nutzungsmöglichkeit als Arbeitszimmer ist keine zeitanteilige Kürzung des Höchstbetrags vorzunehmen, sodass selbst bei nur einem Monat des Vorliegens der Voraussetzungen im Jahr Aufwendungen bis zur Höhe von 1.250 Euro steuerlich geltend gemacht werden können.

## Abziehbare Aufwendungen für das Arbeitszimmer

Die Kosten für das Arbeitszimmer umfassen die Kosten der Ausstattung des Raumes (inkl. Tapeten, Vorhängen, etc.) sowie die anteiligen laufenden Kosten wie:

- bei Mietfällen
  - Nebenkosten
  - Miete
  - Versicherungen (zum Beispiel Hausrat)
  - Reinigungskosten
  - Renovierungskosten
- bei Eigentumsfällen
  - Abschreibung
  - Schuldzinsen
  - Wasser/Energie
  - Grundbesitzabgaben
  - Grundsteuer
  - Reinigungskosten
  - Renovierungskosten

Alle Kosten, die direkt dem Arbeitszimmer zugeordnet werden können (zum Beispiel Renovierung des Arbeitszimmers), sind in vollem Umfang Teil der Aufwendungen für das Arbeitszimmer. Für alle allgemein anfallenden Kosten sind nach dem Aufteilungsmaßstab der Wohnfläche des Arbeitszimmers gemessen an der Gesamtwohnfläche der Immobilie die anteiligen Kosten des Arbeitszimmers zu ermitteln.

Eine Besonderheit zugunsten des Arbeitnehmers besteht hinsichtlich der Arbeitsmittel, also der Ausstattungsgegenstände des Arbeitszimmers, wie zum Beispiel Schreibtisch, Schreibtischstuhl, Bücherschrank, Regale, Computer, Drucker, etc. Diese sind nicht Teil der Kosten des Arbeitszimmers und unterliegen daher auch keiner Abzugsbeschränkung, sondern können immer in voller Höhe abgezogen werden. Entscheidend für die Abgrenzung der Arbeitsmittel von den Kosten des Arbeitszimmers ist die Frage, ob die Gegenstände als Werbungskosten behandelt würden, wenn sie in einem anderen Raum untergebracht worden wären.

Zu ausgewählten Kostenarten sind folgende Hinweise zu beachten:

**Renovierungskosten**

*Die Renovierungskosten umfassen neben den direkt zuordenbaren Renovierungen des Arbeitszimmers auch die anteiligen Renovierungskosten des Gesamtgebäudes, sofern und soweit das Arbeitszimmer hiervon betroffen ist. Beispielsweise wäre ein anteiliger Ansatz der Kosten der Dachsanierung oder der Heizungserneuerung als Kosten des Arbeitszimmers zu berücksichtigen, wohingegen eine Erneuerung des Badezimmers keinen direkten Bezug zum Arbeitszimmer hat.*

**Abschreibung**

*Die Abschreibung aus der Anschaffung einer Eigentumsimmobilie kann geltend gemacht werden, soweit sie auf das Arbeitszimmer ent-*

*fällt. Die Abschreibung bemisst sich nach der Höhe der Anschaffungs- bzw. Herstellungskosten des Gebäudes inklusive aller Nebenkosten (Grunderwerbsteuer, Notarkosten, etc.) und beträgt bei privat genutzten Immobilien in der Regel zwei Prozent p. a. der ermittelten Anschaffungs- oder Herstellungskosten (§ 7 Abs. 4 S. 1 Nr. 2 lit. a EStG), wobei Ausnahmen bestehen können. Es sei darauf hingewiesen, dass der auf den Grund und Boden entfallende Teil der Anschaffungskosten nicht der Abschreibung unterliegt. Für Einzelfragen der Ermittlung der Anschaffungs- und Herstellungskosten wird empfohlen, steuerliche Beratung einzuholen, da eine Gesamtdarstellung an dieser Stelle den Rahmen sprengen würde.*

**Schuldzinsen**
*Lediglich die Schuldzinsen aus der Finanzierung der Anschaffung oder Herstellung können anteilig berücksichtigt werden. Die Tilgungszahlungen sind kein Aufwand, sondern stellen lediglich eine Vermögensumschichtung dar.*

Nicht zu den Kosten des Arbeitszimmers zählen Kosten für Luxusgegenstände zur Verschönerung des Arbeitszimmers, wie wertvolle Bilder, Kunstgegenstände, Teppiche o. Ä. Aufwendungen zur Verschönerung des Arbeitszimmers in gewöhnlichem Umfang hingegen zählen zu den steuerlich berücksichtigungsfähigen Kosten.

## Vermietung des Heimarbeitsplatzes an den Arbeitgeber

Als Alternative zum »normalen« Homeoffice, bei dem der Arbeitnehmer in seinen privaten Räumen seine Arbeit nach Absprache oder sogar Anweisung des Arbeitgebers verrichtet, erlangen Mietverhältnisse zwischen Arbeitnehmer und Arbeitgeber, in denen der Arbeitnehmer dem Arbeitgeber das Homeoffice vermietet, zunehmend größere Bedeutung. Diese Gestaltung hat den Vorteil, dass der Arbeitgeber dem Arbeitnehmer die für das Homeoffice entstandenen Kosten durch die Zahlung einer Miete erstattet.

Allerdings ist die steuerliche Behandlung dieser Gestaltung nicht in allen Fällen entsprechend der zivilrechtlichen Behandlung als Mietverhältnis. Für die Frage, ob es sich um Einkünfte aus Vermietung und Verpachtung i. S. d. § 21 Abs. 1 S. 1 Nr. 1 EStG oder Einkünfte aus nichtselbstständiger Arbeit i. S. d. § 19 Abs. 1 S. 1 Nr. 1 EStG (und damit um lohnsteuer- und sozialversicherungspflichtigen Arbeitslohn) handelt, ist entscheidend, in wessen vorrangigem Interesse die Raumnutzung liegt. Diese Frage ist von zentraler Bedeutung sowohl für die lohnsteuerliche Behandlung der Mietzahlungen als auch für die Geltendmachung der Kosten des Arbeitszimmers als Werbungskosten zum Arbeitslohn (mit Abzugsbeschränkung, s. dazu Abschnitt »Begrenzung des Werbungskostenabzugs«) oder als Werbungskosten zu den Einnahmen aus Vermietung und Verpachtung (ohne Abzugsbeschränkung).

Eine Raumnutzung im vorrangigen Interesse des Arbeitnehmers wird insbesondere dann angenommen, wenn der Arbeitnehmer im Betrieb des Arbeitgebers über einen weiteren Arbeitsplatz verfügt oder die Nutzung des Arbeitszimmers durch den Arbeitgeber lediglich gestattet oder geduldet wird. Gegen diese Annahme kann der Arbeitnehmer vorbringen, dass der Arbeitsplatz im Betrieb des Arbeitgebers vorrangig dessen Interessen dient, wobei ein geeigneter Nachweis durch den Arbeitnehmer erfolgen muss. Dieser Nachweis wird in der Praxis schwer zu erbringen sein und im Zweifel Gegenstand von Diskussionen oder gegebenenfalls rechtlichen Auseinandersetzungen mit dem zuständigen Finanzamt sein, zumal die Finanzverwaltung nicht konkretisiert hat, in welcher Form ein geeigneter Nachweis erbracht werden soll bzw. was das vorrangige Interesse des Arbeitgebers zum Vorhalten eines Arbeitsplatzes in seinen Büroräumen begründet.

Sofern die Raumnutzung des Arbeitszimmers nach obigen Ausführungen im vorrangigen Interesse des Arbeitnehmers liegt, handelt es sich um lohnsteuerpflichtigen und i. d. R. auch sozialversicherungspflichtigen Arbeitslohn, für den der Arbeitgeber Steuern und Beiträge abführen muss. Sofern dies nicht bereits bei der Zahlung der Miete berücksichtigt wird und entsprechend vertraglich vereinbart ist, wird die Mietzahlung als Netto-Arbeitslohn zu sehen sein, was ein Hochrechnen auf den Bruttobetrag zur Folge hat. Zwar hängt das genaue Verhältnis zwischen hochgerechnetem Bruttobetrag und ausgezahltem Nettolohn von den Umständen des Einzelfalls ab, in der Praxis kann aber überschlägig mit einem Aufschlag von 100% gerechnet werden. Daneben ist für den Arbeitnehmer der Abzug von Werbungskosten auf den Höchstbetrag von 1.250 Euro pro Jahr beschränkt (vgl. Abschnitt »Begrenzung des Werbungskostenabzugs«). Eine Vermietung im vorrangigen Interesse des Arbeitnehmers sollte aus Sicht des Arbeitgebers somit unbedingt vermieden werden, da erhebliche Mehrkosten entstehen können und darüber hinaus der Werbungskostenabzug für den Arbeitnehmer beschränkt ist.

Die Raumnutzung liegt im vorrangigen Interesse des Arbeitgebers, wenn die vertragliche Gestaltung und die tatsächliche Nutzung maßgeblich und objektiv von den Interessen des Arbeitgebers bestimmt sind. Hierfür sprechende Indizien sind zum Beispiel, dass kein anderer Arbeitsplatz im Unternehmen vorhanden ist, Versuche zur Anmietung geeigneter Räume von Dritten erfolglos waren oder der Arbeitgeber für Arbeitnehmer, die nicht über eine für Homeoffice-Nutzung geeignete, private Wohnung verfügen, geeignete Räume von Dritten angemietet hat. Auch hier muss der Arbeitnehmer gegenüber dem Finanzamt in geeigneter Weise den Nachweis erbringen, dass die Raumnutzung in vorrangigem Interesse des Arbeitgebers erfolgt. Sofern dieser Nachweis gelingt, handelt es sich um Einkünfte aus Vermietung und Verpachtung, was zur Folge hat, dass die hiermit zusammenhängenden Kosten des Arbeitszimmers uneingeschränkt in Abzug gebracht werden können. Zu beachten ist weiterhin, dass die Vermietung an den Arbeitgeber über die gesamte Dauer positive steuerliche Einkünfte erzielen muss. Sofern dies nicht der Fall ist, handelt es sich um einen steuerlich irrelevanten Vorgang, sodass auch eine Behandlung als Arbeitslohn nicht mehr in Betracht kommt. Zu reinen Kostenerstattungen wird im Abschnitt »Weitere steuerliche Fragestellungen« verwiesen.

Zusammenfassend ist also festzuhalten, dass die Vermietung des Homeoffice an den Arbeitgeber steuerlich nicht unproblematisch ist. Es sollte unter allen Umständen vermieden werden, dass die gezahlte Miete als Arbeitslohn behandelt wird, da in diesem Fall erhebliche Kosten anfallen können. Es ist daher dringend zu empfehlen, vor der Begründung des Mietverhältnisses steuerliche Beratung einzuholen. Gegebenenfalls ist in Zweifelsfällen auch die Einholung einer kostenpflichtigen, verbindlichen Auskunft (§ 89 Abs. 2 AO) des zuständigen Finanzamts sinnvoll, insbesondere wenn eine Vielzahl von Arbeitnehmern betroffen sind.

## Steuerrechtliche Entwicklungen infolge der Corona-Pandemie

Die COVID-19-Pandemie hat in der Bundesrepublik Deutschland alle Bereiche des täglichen Lebens in einer nie dagewesenen Weise verändert. Auch das Arbeitsleben ist hiervon nicht verschont geblieben. Zur Einhaltung von Hygiene- und Abstandsregelungen sind insbesondere im Lockdown des Frühjahrs 2020 viele Homeoffice-Arbeitsplätze eingerichtet worden, die auch in den Wintermonaten des Jahres 2020/2021 aufgrund einer wiederauflebenden Infektionslage wieder verstärkt genutzt wurden. Vor dem Hintergrund dieser Entwicklung, die nach Einschätzung vieler Experten auch eine nachhaltige Veränderung des Berufslebens über die Pandemie hinaus nach sich ziehen könnte, hat der Bundesrat in seiner Stellungnahme zum Jahressteuergesetz 2020 die Bundesregierung gebeten, zu prüfen, ob eine Neuregelung der Abziehbarkeit der Aufwendungen für das häusliche Arbeitszimmer dem Grunde und der Höhe nach vorgenommen werden sollte (BT-Drucksache 19/23551, Ziffer 17). Die Bundesregierung erklärte, dass sie dieser Bitte nachkommen werde (BT-Drucksache 19/23551, zu Ziffer 17).

### ■ Die Homeoffice-Pauschale

Ende des Jahres 2020 hat sich die große Koalition nun abschließend auf eine »Homeoffice-Pauschale« geeinigt. Das heißt konkret, dass Arbeitnehmer für insgesamt zwei Jahre (2020 und 2021) 5,00 Euro pro Tag, jedoch maximal 600,00 Euro im Jahr, von der Steuer für im Homeoffice zugebrachte Tage absetzen können. Wichtig ist dabei aber zu wissen, dass die Homeoffice-Pauschale wie Weiterbildungen und Arbeitskleidung zu den Werbungskosten zählt, die jedem Steuerzahler pauschal bis zu 1000 Euro angerechnet werden. Kommen Sie zusammen mit Ihren Werbungskosten und der Homeoffice-Pauschale auf einen Betrag über 1000 Euro, können Sie den höheren Betrag ansetzen. Bleibt der Betrag unter 1000 Euro, werden die Werbungkosten und die Homeoffice-Pauschale miteinander verrechnet.

Bei Fragen gilt auch hier: Wenden Sie sich bitte an Ihren Steuerberater.

## Weitere steuerliche Fragestellungen

### ■ Zuschüsse/Kostenerstattungen für das Arbeitszimmer

Pauschale Zuschüsse und Kostenerstattung zu den Kosten für das Arbeitszimmer sind immer lohnsteuer- und regelmäßig sozialversicherungspflichtig. Hiervon gibt es für bestimmte Aufwendungen Sonderregelungen. Zum Beispiel kann der beruflich veranlasste Teil der privaten Telekommunikationsaufwendungen (Telefon, Internet) steuerfrei ersetzt werden (§ 3 Nr. 50 EStG, R 3.50 Abs. 2 S. 3 LStR). Der beruflich veranlasste Teil der Aufwendungen ist anhand eines repräsentativen Dreimonatszeitraums zu ermitteln (R 3.50 Abs. 2 S. 2 LStR), zum Beispiel anhand von Verbindungsnachweisen. Aus Vereinfachungsgründen kann auf diese Ermittlung verzichtet werden und 20 Prozent der Aufwendungen, maximal 20 Euro pro Monat, steuerfrei ersetzt werden (R 3.50 Abs. 2 S. 4 LStR). Voraussetzung ist in jedem Fall, dass üblicherweise berufliche Telefonate über den privaten Telefonanschluss vorgenommen werden, was aber beim Homeoffice unproblematisch sein sollte.

Ein weiterer Sonderfall ist die Anschaffung von Einrichtungsgegenständen für das Arbeitszimmer. Sofern diese im überwiegend eigenbetrieblichen Interesse des Arbeitgebers erfolgt, ist eine steuerfreie Erstattung der Aufwendungen denkbar. Da dies aber von den genauen Umständen abhängig ist, muss im Zweifel eine Prüfung des Einzelfalls vorgenommen werden.

## Private Unfallversicherung für das Homeoffice

Wie im Kapitel »Arbeitsschutz und Unfallverhütung« beschrieben, ist der gesetzliche Unfallversicherungsschutz im Homeoffice gegenüber dem Büro des Arbeitsgebers deutlich eingeschränkt, weshalb gegebenenfalls der Abschluss einer privaten Unfallversicherung sinnvoll sein kann. Es sei hier darauf hingewiesen, dass je nach Gestaltung des Vertrags und abhängig von den abgedeckten Risiken lohnsteuer- und sozialversicherungspflichtiger Arbeitslohn vorliegen kann. Für Einzelheiten wird auf das Schreiben des Bundesfinanzministeriums (koordinierter Ländererlass) vom 28.10.2009 »Einkommen-(lohn-)steuerliche Behandlung von freiwilligen Unfallversicherungen« verwiesen. Vor dem Abschluss entsprechender Verträge sollte eine steuerrechtliche Prüfung der lohnsteuerlichen Behandlung vorgenommen werden.

## Gehaltsoptimierung im Zusammenhang mit Dienstwagengewährung und Reisekosten

Bei der Zurverfügungstellung eines Dienstwagens ist für die Nutzung des Wagens für Fahrten zwischen Wohnung und erster Tätigkeitsstätte neben der Versteuerung von Privatfahrten (sog. 1%-Regelung) auch eine von der Strecke zum Arbeitsort abhängige Nutzungswertversteuerung vorzunehmen. Diese beträgt 0,03 Prozent des Bruttolistenpreises des Fahrzeuges je Entfernungskilometer zwischen Wohnung und erster Tätigkeitsstätte pro Monat (§ 8 Abs. 2 S. 3 EStG). Aufgrund der Abhängigkeit von der Entfernung vom Arbeitsort kann diese Nutzungswertbesteuerung leicht die Besteuerung der Privatfahrten nach der 1%-Regelung übersteigen.

---

### Fallbeispiel 1

*Dem Arbeitnehmer A wird zur privaten Nutzung und für Wege zwischen Wohnung und erster Tätigkeitsstätte ein Dienstwagen zur Verfügung gestellt. Der Bruttolistenpreis des Autos beträgt 40.000 Euro. A wohnt 100 km von seinem Arbeitsort entfernt.*

*Es ergeben sich die folgenden monatlichen lohnsteuer- und sozialversicherungspflichtigen Arbeitslohnbestandteile:*

| | |
|---|---|
| *Privatnutzung (1 % von 40.000 €)* | *400 €* |
| *Wohnung / erste Tätigkeitsstätte (0,03 % x 40.000 € x 100 km)* | *1.200 €* |
| *Summe* | *1.600 €* |
| | |

*Ab einer Entfernung von 34 km zwischen Wohnung und erster Tätigkeitsstätte übersteigt die Nutzungsbesteuerung für Fahrten zwischen Wohnung und erster Tätigkeitsstätte die Nutzungsbesteuerung der Privatfahrten.*

*Eine Homeoffice-Regelung kann genutzt werden, um diese Nutzungsbesteuerung zu vermeiden, indem das Vorliegen einer ersten Tätigkeitsstätte in den Büroräumen des Arbeitgebers vermieden wird. Grundsätzlich ist die erste Tätigkeitsstätte durch arbeitsvertragliche Regelung festgelegt (§ 9 Abs. 4 S. 1–2 EStG). Das Arbeitszimmer kann aber nie erste Tätigkeitstätte sein, selbst wenn eine entsprechende arbeitsvertragliche Regelung besteht, da es nicht von der Wohnung des Arbeitnehmers getrennt ist und keine Einrichtung des Arbeitgebers darstellt. Sofern es an einer arbeitsvertraglichen Zuordnung fehlt, kommen die gesetzlichen Regelungen des § 9 Abs. 4 S. 4 EStG zur Anwendung, nach denen eine erste Tätigkeitsstätte dann vorliegt, wenn*

- *ein Ort typischerweise arbeitstäglich aufgesucht wird, um hier tätig zu werden, oder*
- *an dem Ort mindestens zwei volle Arbeitstage oder mindestens 1/3 der vereinbarten regelmäßigen Arbeitszeit gearbeitet werden soll.*

*Sofern diese Voraussetzungen nicht vorliegen, hat der Arbeitnehmer keine erste Tätigkeitstätte, und eine Besteuerung von Fahrten zwischen Wohnung und erster Tätigkeitsstätte kommt nicht in Betracht.*

*Im Umkehrschluss bedeutet dies, dass eine erste Tätigkeitsstätte nicht vorliegt, wenn*

- *die Tätigkeit in den Büroräumen des Arbeitgebers weniger als zwei Tage pro Woche oder weniger als 1/3 der regelmäßigen Wochenarbeitszeit ausgeübt wird oder*
- *eine tägliche Tätigkeit in den Büroräumen des Arbeitgebers vorliegt, diese aber weniger als 1/3 der vereinbarten Tagesarbeitszeit beträgt.*

*Im zweiten Fall ist allerdings anzumerken, dass nur dann keine erste Tätigkeitsstätte vorliegt, wenn der Arbeitnehmer in den Räumen des Arbeitgebers nicht seiner eigentlichen beruflichen Tätigkeit nachgeht, sondern hauptsächlich Hilfs-, Vorbereitungs- und Nebentätigkeiten erledigt. Da ein entsprechender Nachweis in der Praxis nur schwer zu erbringen sein wird, sollte die zweite Gestaltung nach Möglichkeit nur in Ausnahmefällen gewählt werden. Darüber hinaus sei angemerkt, dass beide Gestaltungen auch tatsächlich gelebt werden müssen, eine hinreichende Dokumentation zum Nachweis im Falle einer Betriebsprüfung der Finanzverwaltung oder der Sozialversicherung vorliegen muss und überdies die gewählte Gestaltung auch durch andere, betriebliche Gründe legitimiert sein muss, da ansonsten das Risiko der Annahme einer missbräuchlichen Gestaltung nur aus steuerlichen Gründen (§ 42 AO) durch die Finanzverwaltung besteht.*

*Auch für den Fall, dass keine Dienstwagengestellung besteht, hat die Vermeidung einer ersten Tätigkeitsstätte steuerliche Konsequenzen für den Arbeitnehmer. Fahrten zum Aufsuchen der Büroräume des Arbeitgebers mit dem privaten Pkw unterliegen in diesem Fall nicht der Werbungskostenabzugsbeschränkung bei Fahrten zwischen Wohnung und erster Tätigkeitsstätte, nach der nur die einfache Fahrt mit 0,30 Euro pro Kilometer abgesetzt werden darf (§ 9 Abs. 1 S. 3 Nr. 4 EStG), sodass nach Reisekostengrundsätzen Hin- und Rückfahrt mit je 0,30 Euro pro Kilometer berücksichtigt oder steuerfrei vom Arbeitgeber erstattet werden können (§ 9 Abs. 1 S. 3 Nr. 4a EStG). Weiterhin ist bei mehr als achtstündiger, täglicher Abwesenheit vom Wohnort in den ersten drei Monaten eines Arbeitsverhältnisses bzw. des Aufsuchens derselben Räume des Arbeitgebers der Abzug bzw. die steuerfreie Erstattung von Verpflegungsmehraufwendungen mit 14 Euro je Tag möglich (§ 9 Abs. 4a S. 1–3, 6 EStG), wenn die Büroräume keine erste Tätigkeitsstätte nach den obigen Grundsätzen darstellen. Der Dreimonatszeitraum beginnt erneut, wenn eine Unterbrechung des Aufsuchens derselben (nicht ersten) Tätigkeitsstätte von vier Wochen aufgrund von Krankheit, Urlaub oder ähnlichen Gründen erfolgt (§ 9 Abs. 4a S. 7 EStG).*

## Fallbeispiel 2

*Der neu eingestellte Arbeitnehmer A sucht in den ersten drei Monaten die Büroräume des Arbeitgebers weniger als zwei volle Tag pro Woche auf. Eine arbeitsvertragliche Zuordnung der ersten Tätigkeitsstätte liegt nicht vor. Den Rest seiner Arbeitszeit verbringt A im Homeoffice. Er sucht die Büroräume in diesem Zeitraum insgesamt an 24 Tagen auf und ist mehr als 8 Stunden von seiner Wohnung abwesend.*

*A kann für die Abwesenheiten 336 Euro (24 Tage à 14 Euro) als Verpflegungsmehraufwendungen steuerlich geltend machen bzw. steuerfrei vom Arbeitgeber erstattet bekommen.*

### Abwandlung

*Arbeitnehmer A, der schon seit Jahren bei seinem Arbeitgeber beschäftigt ist, wird im Rahmen von weniger als zwei vollen Arbeitstagen in Niederlassung X tätig. Eine arbeitsvertragliche Zuordnung der ersten Tätigkeitsstätte liegt nicht vor. Den Rest-seiner Arbeitszeit verbringt A im Homeoffice. Aufgrund der Eröffnung einer neuen Niederlassung in Y wird A in diese Niederlassung versetzt und dort im bisherigen Umfang tätig. In den ersten drei Monaten nach seiner Versetzung sucht A die Büroräume in der Niederlassung Y insgesamt an 24 Tagen auf und ist mehr als 8 Stunden von seiner Wohnung abwesend.*

*A kann für die Abwesenheiten 336 Euro (24 Tage à 14 Euro) als Verpflegungsmehraufwendungen steuerlich geltend machen bzw. steuerfrei vom Arbeitgeber erstattet bekommen. Gleiches gilt, wenn A zuvor seine gesamte Arbeitszeit in der Niederlassung X tätig war und erst im Rahmen der Versetzung eine Homeoffice-Regelung vereinbart wird.*

*Firmenwagen und das Reisekostenrecht auch im Homeoffice.*

Weitere Einzelheiten zum steuerlichen Reisekostenrecht sollen hier nicht behandelt werden und müssen im Einzelfall geprüft werden.

# DER HOMEOFFICE-ARBEITSPLATZ

Wie bereits dargestellt, regelt das Arbeitsschutzgesetz (ArbSchG) zusammen mit der Arbeitsstättenverordnung (ArbStättV) Einrichtung und Betrieb der Arbeitsstätten, wozu auch das Homeoffice als Telearbeitsplatz zählt.

Gemäß § 3a ArbStättV hat der Arbeitgeber beim Einrichten und Betreiben der Arbeitsstätten »die Maßnahmen nach § 3 Absatz 1 durchzuführen und dabei den Stand der Technik, Arbeitsmedizin und Hygiene, die ergonomischen Anforderungen sowie insbesondere die vom Bundesministerium für Arbeit und Soziales nach § 7 Absatz 4 bekannt gemachten Regeln und Erkenntnisse zu berücksichtigen.«

Grundsätzlich werden an einen Arbeitsplatz im Homeoffice die gleichen Anforderungen gestellt wie an einen Arbeitsplatz im Büro des Arbeitgebers.

Im vorherigen Kapitel wurde erläutert, dass der Telearbeitsplatz in einem separaten, abschließbaren Raum eingerichtet werden muss, der für den dauerhaften Aufenthalt von Personen zugelassen sowie zur Aufgabenerledigung des Mitarbeiters geeignet ist. Der Wohnzimmer- oder Küchentisch gehört sicher nicht dazu. Wie genau der Arbeitsplatz gestaltet und ausgestattet sein muss, erkläre ich in diesem Kapitel.

Klar ist, dass Sie als Arbeitgeber für die Ausstattung zuständig sind, die Arbeitsmittel aber auch in Ihrem Eigentum verbleiben.

Wichtig ist auch, dass Sie dem Mitarbeiter einen eigenen Telefonanschluss oder – was heute üblicher ist – ein berufliches Mobiltelefon zur Verfügung stellen. Anderenfalls hat der Mitarbeiter ein Anrecht auf Erstattung der Telefonkosten, die ihm im Zusammenhang mit der Ausübung seiner beruflichen Tätigkeit entstehen. Das führt sicher zu unnötigen Diskussionen.

Die Arbeitsmittel sollten in jedem Fall schriftlich fixiert werden (Laptop, Mobiltelefon, Anschlusskabel, Sim-Karte, Drucker, Maus, Tastatur, sonstiges Arbeitsmaterial). Nach Übergabe der Arbeitsmittel sollten Arbeitgeber und Arbeitnehmer ein Protokoll unterschreiben, wobei ein Exemplar in der Personalakte verbleibt.

Die beiden wichtigsten Verordnungen und Normen sind die Arbeitsstättenverordnung (ArbStättV) mit ihrem im Anhang »Anforderungen und Maßnahmen für Arbeitsstätten« befindlichen Abschnitt 6 »Maßnahmen zur Gestaltung von Bildschirmarbeitsplätzen« die DIN EN ISO 9241-5:1999-08 – Ergonomische Anforderungen für Bürotätigkeiten mit Bildschirmgeräten – Teil 5: Anforderungen an Arbeitsplatzgestaltung und Körperhaltung.

## Ausstattung des Bildschirmarbeitsplatzes

Ich möchte an dieser Stelle einige wichtige Punkte auflisten, die den Bildschirmarbeitsplatz betreffen.

Für die Beschäftigten ist ausreichend Raum für wechselnde Arbeitshaltungen und -bewegungen vorzusehen. Die Größe des Bildschirmarbeitsplatzes sollte acht bis zehn Quadratmeter betragen. Der Zugang zum Schreibtisch sollte mindestens 60 cm breit sein.

Die Bildschirmgeräte sind so aufzustellen und zu betreiben, dass die Oberflächen frei von störenden Reflexionen und Blendungen sind. Die Blickrichtung der am Bildschirm beschäftigten Person sollte parallel zur Fensterfront verlaufen. Als Abstand zwischen Bildschirm und Fenster werden 200 cm empfohlen. Am Fenster muss bei Bedarf ein Lichtschutz angebracht werden (zum Beispiel Lamellenvorhänge innen). Der Bildschirm sollte so aufgestellt werden, dass die Blickachse der natürlichen Neigung entspricht (oberste Zeile bei Sehabstand 70 cm um 25 cm tiefer als Augenhöhe). Werden an einem Arbeitsplatz mehrere Bildschirmgeräte oder Bildschirme betrieben, müssen diese ergonomisch angeordnet sein. Die Bildschirme müssen frei und leicht dreh- und neigbar sein sowie über reflexionsarme Oberflächen verfügen.

Tastaturen müssen vom Bildschirm getrennte Einheiten sein, sie müssen neigbar sein, und die Form und der Anschlag der Tasten müssen den Arbeitsaufgaben angemessen sein und eine ergonomische Bedienung ermöglichen.

Die Arbeitsflächen sind entsprechend der Arbeitsaufgabe so zu bemessen, dass alle Eingabemittel auf der Arbeitsfläche variabel angeordnet werden können und eine flexible Anordnung des Bildschirms, des Schriftguts und der sonstigen Arbeitsmittel möglich ist. Die Arbeitsfläche vor der Tastatur muss ein Auflegen der Handballen ermöglichen. Die Arbeitsflächengröße sollte mindestens 160 mal 80 cm betragen, die Höhe sollte 74 ± 2 cm betragen. Eine Anpassung der Arbeitshöhe an die individuellen körperlichen Gegebenheiten jedes Nutzers ist sinnvoll, der Einsatz von Sitz- und Steharbeitstischen zum schnellen Wechsel der Arbeitshaltung ist wünschenswert.

Auf Wunsch der Beschäftigten hat der Arbeitgeber eine Fußstütze und einen Manuskripthalter zur Verfügung zu stellen, wenn eine ergonomisch günstige Arbeitshaltung auf andere Art und Weise nicht erreicht werden kann.

Die Beleuchtung muss der Art der Arbeitsaufgabe entsprechen und an das Sehvermögen der Beschäftigten angepasst sein; ein angemessener Kontrast zwischen Bildschirm und Arbeitsumgebung ist zu gewährleisten. Durch die Gestaltung des Bildschirmarbeitsplatzes sowie die Auslegung und die Anordnung der Beleuchtung sind störende Blendungen, Reflexionen oder Spiegelungen auf dem Bildschirm und den sonstigen Arbeitsmitteln zu vermeiden. Die Nennbeleuchtungsstärke im Bereich des Arbeitsplatzes muss mindestens 500 lx betragen, Leuchten sollten parallel zur Fensterfront angebracht sein.

Der Bürostuhl sollte eine Sitzhöhe auf Höhe der Kniekehle haben und die Sitzvorderkante bis zur Kniekehle reichen. Es ist ein fester Kontakt zur Rückenlehne erforderlich, die Rückenlehne selbst sollte jede Bewegung mitmachen und den Rücken stützen. Die Armauflage sollte auf Ellenbogenhöhe eingestellt sein.

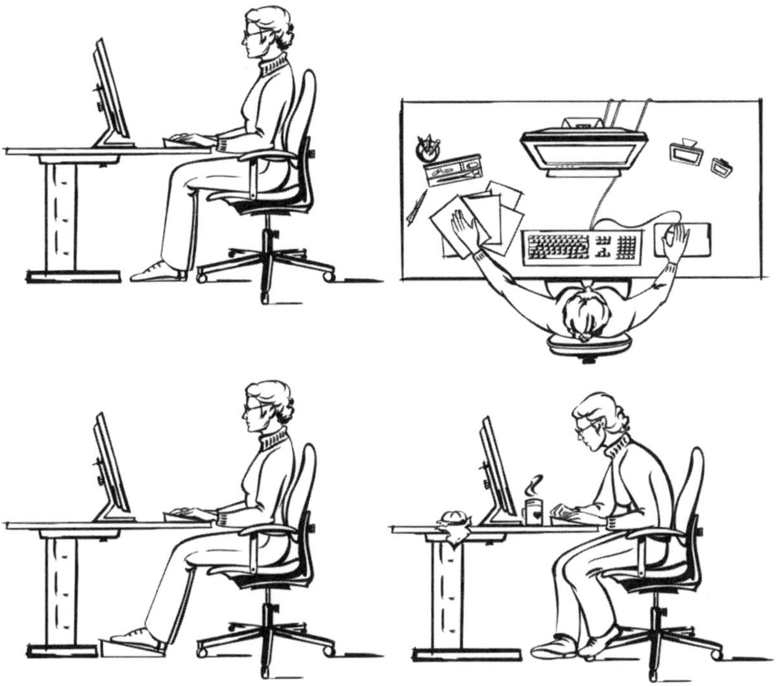

*Der ergonomisch korrekte Arbeitsplatz.*

## Technik und Kommunikation

Wer im Homeoffice arbeitet, benötigt nicht nur die richtige Büromöbel-Ausstattung, sondern auch das optimale technische Equipment. Dazu gehören selbstverständlich der Rechner – idealerweise ein Notebook – mit der aktuellsten Software, der Monitor sowie Tastatur und Maus. Und es gehört ein leistungsfähiger Internetanschluss, idealerweise Glasfaser, für den Fernzugriff auf die Server im Unternehmen und für notwendige Video-Calls dazu.

Denken Sie auch an den richtigen Virenschutz, da der Rechner in einem firmenfremden WLAN Netz hängt. Das ist kein Misstrauen gegenüber dem Mitarbeiter und dessen Familie, sondern eine reine Vorsichtsmaßnahme.

WICHTIG: Bei der technischen Ausstattung muss die Leistungsfähigkeit im Fokus stehen, nicht ein möglichst günstiger Anschaffungspreis. Eine schlechte technische Ausstattung spart nichts ein, sondern kostet Nerven und Motivation. Zudem wirft sie ein schlechtes Bild auf das ganze Unternehmen, wenn zum Beispiel bei einer Skype-Konferenz der Mitarbeiter im Homeoffice nicht zu verstehen ist und die Leitung ständig zusammenbricht.

### Aus der Praxis: Erfahrung eines Personalassistenten bei einem Skype-Vorstellungsgespräch

»Ich wurde einmal zu einem Vorstellungsgespräch eingeladen, das über Skype durchgeführt werden sollte. Als das Gespräch begann, stellte ich schnell fest, dass die Tonqualität meines Gegenübers sehr zu wünschen übrig ließ und das Gesagte schwer verständlich war. Meinem Eindruck nach lag das an der Akustik des Raumes, in dem sich meine Gesprächsteilnehmerin befand.

Als wir ins Englische wechselten, war es völlig vorbei. Ich konnte die Fragen nicht mehr verstehen und das Gespräch fand ein negatives Ende.

Letztlich machte mir die schlechte Aufnahmequalität auf der Seite meines Gegenübers einen Strich durch meine Selbstpräsentation.«

## Die richtige Software

Wer »remote« arbeitet, muss virtuell ins Team eingebunden werden. Das beginnt beim richtigen Videokonferenzsystem. Neben Skype bieten sich Lösungen wie Zoom, Teams, GoToMeeting und Spreed an. Der Markt ist hier riesig, die Auswahl groß. Immer beliebter wird das ehemalige Skype for Business, das heute in Microsoft Teams zu finden ist.

Neben dem Thema Videokonferenz ist das Thema Chat und Collaboration wichtig. Hier hat sich neben Microsoft Teams der amerikanische Anbieter Slack etabliert. Natürlich müssen die Kalender der Mitarbeiter in einem Team auch für die Person im Homeoffice sichtbar sein.

Dateien werden heute entweder über eine Public-Cloud-Lösung wie Dropbox, Microsoft OneDrive oder Google Drive (Achtung Datenschutz!) oder über eine Private-Cloud-Lösung realisiert. Die technischen Details klären Sie mit Ihrer IT-Abteilung.

## Ein Anwendungsbeispiel: Microsoft Teams

Microsoft bezeichnet Teams als ein Collaboration-Tool und einen chatbasierten Arbeitsraum in der Microsoft-Cloud Office/Microsoft 365.

Anders formuliert: Teams vereinfacht im Unternehmen das gemeinsame Arbeiten an Dateien für mehrere Personen und das zielgerichtete Kommunizieren zwischen diesen Personen via Chat und Videokonferenzen.

Diese Funktionen machen das Tool für den Einsatz im Homeoffice sehr interessant. Gerade dann, wenn Mitarbeiter an unterschiedlichen Orten arbeiten (die einen im Unternehmen, die anderen im Homeoffice) und der Kontakt und Datenaustausch zwischen ihnen gewährleistet sein muss. In diesen Fällen spielt Microsoft Teams seine Stärken aus.

Wichtig ist, dass mit dem Einsatz von Teams weitere Programme von Microsoft genutzt werden können. Durch die Integration von Outlook, Skype, OneNote, Planner und SharePoint sind alle wichtigen Anforderungen, die in einem Unternehmen entstehen, abgedeckt. Dazu gehören die Möglichkeiten der internen und externen Kommunikation, der Datenablage und des Aufgabenmanagements.

*Helmut Gräfen, Autor von* Microsoft Teams: Praxis-Handbuch

**Interne und externe Kommunikation**

Die Arbeit im Homeoffice macht einen regelmäßigen Austausch zwischen den Team-Mitgliedern dringend erforderlich. Das gilt nicht nur für die rein projekt- oder kundenbezogene Kommunikation, sondern auch für den sogenannten Flurfunk. Teams bietet hier verschiedene Varianten, vom reinen Chat über Video-Chats bis hin zum Online-Meeting an.

**Chat**
Diese Form der Kommunikation etabliert sich in Unternehmen zunehmend als Alternative zum Mailen. Teams unterscheidet zwei Chat-Möglichkeiten:

1. **Teamchat**
   Im Teamchat, auch Kanalchat genannt, chatten nur die zum Team gehörenden Personen miteinander, und nur eben diese Personen sehen die gechatteten Informationen und haben Zugriff darauf. Personen, die nicht zum Team gehören, bleiben bei der Kommunikation außen vor. So findet die Kommunikation geschützt in einer geschlossenen Gruppe statt, und die gechattete Information steht immer automatisch im richtigen Kontext.

2. **1:1- Chat**
   Der 1:1- Chat in Teams ist, salopp gesprochen, die Businessvariante zu WhatsApp. Im 1:1-Chat können Sie auch mit Personen chatten, die nicht zum Team gehören. Auch Gruppenchats und das Chatten mit unternehmensfremden Personen sind hier möglich. Wer schon einmal mit Skype gearbeitet hat, wird sich hier schnell zurechtfinden. In Office/Microsoft 365 ist Teams der Nachfolger von Skype for Business. Da Microsoft Teams auch als App auf Android- und Apple-Smartphones installiert werden kann, ist auch die mobile Nutzung der Chats einfach und komfortabel möglich.

**Video-Chats und Onlinebesprechungen**
Ein großer Pluspunkt von Teams sind die Video-Chats und Onlinebesprechungen, die sowohl über den PC, ein Notebook, das

Tablet oder ein Smartphone genutzt werden können. Der Unterschied zwischen Video-Chats und Onlinebesprechungen besteht insbesondere darin, dass sich bei einem Video-Chat alle Teammitglieder in den Chat einklinken können, ohne dafür eingeladen sein zu müssen. Bei geplanten Onlinebesprechungen hingegen kann nur die Person, die die Besprechung initiiert, die teilnehmenden Personen einladen. Wer nicht eingeladen ist, kann nicht an der Besprechung teilnehmen. Onlinebesprechungen können sowohl über die Benutzeroberfläche von Teams als auch über Outlook geplant und verschickt werden. Eine stabiles WLAN vorausgesetzt, laufen die Videokonferenzen sehr stabil.

Übrigens: Es ist immer eine gute Idee, Meetings aufzuzeichnen. Wer nicht teilnehmen kann, holt sich die Aufzeichnung später aus dem Archiv oder kann in der automatisch erstellten Transkription nach wichtigen Informationen suchen. So stellen Sie sicher, dass niemand etwas verpasst und wichtige Dinge noch einmal vertieft werden können.

**Tipp:**

Wer nicht möchte, dass die anderen Teammitglieder in der Video-Besprechung im Hintergrund Regale oder Möbel sehen können, kann den Hintergrund mit dem Weichzeichner unscharf stellen.

Schön ist, dass man mit Teams auch zwischendurch einfach mal virtuell zusammenfinden kann, sei es für Brainstormings mit der Microsoft Whiteboard-App oder zu einer »virtuellen« Tasse Kaffee.

**Gemeinsame Dateibearbeitung**

Mobiles Arbeiten erfordert eine besondere Art und Weise der Dateibearbeitung und -ablage.

Jedes Team im Microsoft Teams verfügt über einen eigenen Bereich zum Ablegen der teamrelevanten Dateien. Alle Teammitglieder können auf diesen Datenbereich zugreifen. Die Programmkomponente, die den Datenspeicherort für das Team beherbergt, heißt in Office/Microsoft 365 SharePoint Online. Die Team-Dateien können sowohl mit dem PC als auch mit einem mobilen Endgerät abgerufen werden.

Mit Teams besteht die Möglichkeit, geschlossene Gruppen für die Kommunikation und den Datenaustauch zu definieren, zum Beispiel nur für unternehmenszugehörige Personen, aber auch für externe Personen, wie Kunden, Lieferanten oder Kooperationspartner. Da sowohl Chats als auch Dateien in der Cloud gespeichert sind, mobil abgerufen und bearbeitet werden können, sind alle Beteiligten immer auf dem aktuellen Stand des Auftrages beziehungsweise des Projektes. Kopien von Dateien, um sie zum Beispiel per Mail an Kollegen zu senden, werden damit überflüssig. Versehentliches Arbeiten an nicht aktuellen Dateien ebenfalls.

Über die drei Kernfunktionalitäten Chatten, Besprechungen und Dateibearbeitung hinaus, stellt uns Teams weitere hilfreiche Tools zur Verfügung, um die Arbeit in einem Team auch und gerade im Homeoffice produktiver zu gestalten. Hier sind vor allem die beiden Apps OneNote und Planner zu nennen.

**OneNote: Das Team-Notizbuch**

Sobald ein neues Team erstellt wird, wird automatisch ein OneNote-Notizbuch für dieses Team erstellt. Das Teamnotizbuch lässt sich als Registerkarte zum Beispiel in den Kanal »Allgemein« eines Teams einbinden. Ideen, Gedanken, Verbesserungsvorschläge et cetera können hier schnell und einfach notiert werden und stehen den anderen Teammitgliedern mit einem Zeitversatz von 20 bis 40 Sekunden zur Verfügung. Besonders interessant ist die Möglichkeit, die Ressourcen der Teambesprechungen im Teamnotizbuch abzubilden, wie beispielsweise die Agenda oder das Protokoll der Besprechung. Diese Vorgehensweise erspart zusätzliche Kommunikation per Telefon und E-Mail darüber, wo das Protokoll des Meetings von vorgestern zu finden ist. Bindet man das Teamnotizbuch nicht nur in die Teams-Oberfläche, sondern auch in das auf dem Computer installierte OneNote und in die OneNote-App auf dem Handy ein, lassen sich teamrelevante Informationen noch leichter austauschen.

**Planner**

Der Planner ist eine App, die die Verwaltung von Aufgaben in einem Team vereinfacht. Er ist in Spalten unterteilt, die man frei benennen kann. Den Spalten werden Teamaufgaben zugeordnet, die man einer oder mehreren Personen zuordnen kann. Die beteiligten Personen erhalten eine Mail mit einem Link zu dieser Aufgabe. Die Aufgaben im Planner können zum einen nach Spalten gruppiert werden, zum anderen aber auch nach Zuständigkeit oder Bearbeitungsstand. Darüber hinaus lässt sich per Mausklick in einem Diagramm darstellen, wie viele Aufgaben erledigt, noch offen oder verspätet sind.

Werden diese fünf Anwendungsmöglichkeiten in einem Team umgesetzt und genutzt, steht dem reibungslosen Austausch zwischen Personen im Homeoffice und Personen, die in ihren Unternehmensbüros arbeiten, nichts mehr im Wege. Für diese Art der Arbeit ist nicht zwingend ein Firmennotebook mit einer VPN-Verbindung (Virtual Private Network) erforderlich. Diese Funktionalitäten lassen sich ohne weiteres auch auf dem Heimcomputer nutzen.

# HOMEOFFICE AUS SICHT DER MITARBEITER

Für Mitarbeiter sind zwei Punkte ausschlaggebend:

1. **Homeoffice hilft beim Spagat zwischen Beruf und Familie beziehungsweise der Pflege von Angehörigen**

Der berufliche Alltag kann hart sein, wenn beide Elternteile arbeiten und Kinder betreut werden müssen. Immer noch verzichten viele Menschen ganz oder teilweise auf ihren Job, weil sie keine (Tages)Betreuung für die Kinder haben. Und selbst wenn die Kinder in der Kita oder Schule sind, muss der Beruf zeitlich drumherum organisiert werden. An eine Stelle mit einer längeren Fahrtzeit ist gar nicht erst zu denken.

Die Möglichkeit, zumindest tageweise im Homeoffice zu arbeiten, eröffnet vielen Müttern und Vätern den Weg zurück in den Arbeitsmarkt und die Chance auf einen ihren Kenntnissen entsprechenden Job. Das Gleiche gilt auch für die Pflege von Angehörigen, da auch hier ein enormer Druck entsteht und nicht jeder willens und in der Lage ist, auch rein moralisch, seine/n Angehörigen in einem Pflegeheim unterzubringen.

**2. Zudem ermöglicht das Homeoffice etwas mehr Freizeit mit der Familie**

Homeoffice vermeidet Pendeln und sorgt so für weniger Stress und bessere Gesundheit. Wir haben gesehen, dass Pendeln mit all seinem Stress und seinen Ängsten krank machen kann. Wer nicht mehr jeden Tag im Stau steht und ein bis zwei Mal pro Woche eine Stunde länger schlafen kann, ist motivierter, produktiver und gesünder. Wichtig ist aber, dass man sich gut überlegt, ob man für einen Arbeitsplatz zu Hause geeignet ist. Denn Homeoffice stellt besondere Herausforderungen. Man muss sich sehr wohl bewusst sein, dass man – zumindest zu Beginn – unter Beobachtung durch Vorgesetzte und Kollegen steht. Ansonsten ist man für sich selbst verantwortlich, muss sich selbst Ziele und Grenzen setzen. Das gilt auch für die Einhaltung von Arbeitszeiten und Pausen. Wer nicht genug Selbstdisziplin und Professionalität mitbringt, sollte besser verzichten.

## Familie und Homeoffice

Ich schrieb ja bereits darüber, dass die Vereinbarkeit von Familie und Beruf auf jeden Fall von der Homeoffice-Regelung profitiert. Vergessen Sie allerdings nicht, dass Sie als berufstätiger Elternteil dann sehr gut organisiert sein müssen!

Die Kinder müssen wissen, dass Mama und/oder Papa zwar zu Hause sind, aber dennoch keine Zeit haben, sondern arbeiten müssen. Das heißt, den Kindern muss von Anfang an beigebracht werden, dass sie sich selber beschäftigen müssen und dass das Homeoffice nicht bedeutet, mit Mama und Papa spielen zu können.

Aber geben Sie den Kindern bitte nie das Gefühl, dass sie stören. Eine gute Einbindung in den Tagesablauf ist wichtig.

Fallen zum Beispiel Schule, Tagesmutter oder Kindergarten aus, wollen die Kinder zu Hause noch viel intensiver von Ihnen »bespaßt« werden. Unter Umständen müssen Sie Ihren Schreibtisch sogar verteidigen. Das kann nach kurzer Zeit zu Konflikten führen und die Laune aller Familienmitglieder beeinträchtigen. Sind mehrere Kinder zu betreuen, ist an ein konzentriertes Arbeiten am Computer kaum noch zu denken. Ihre Mitarbeiter sind dann in ihrer Doppelrolle als Mitarbeiter im Homeoffice und als Elternteil noch stärker gefordert.

*Kindern brauchen klare Regeln, wenn ein Elternteil im Homeoffice ist.*

Aus diesem Grund ist es auch wichtig, einen festen und abgeschlossenen Arbeitsbereich in der Wohnung zu haben. Ebenso wichtig sind klar definierte Arbeitszeiten, die allen Familienmitgliedern bekannt sind und von allen respektiert werden.

Spielzeug hat im Büro, auf dem Schreibtisch oder am Computer nichts zu suchen. Das ist ein Arbeitsplatz und kein Spiel- oder Kinderzimmer! Gespielt wird im Kinderzimmer, die Hausaufgaben werden an einem anderen Arbeitsplatz erledigt.

Wenn Papa oder Mama telefonieren, müssen sich die Kinder ruhig verhalten. Man kann Kindern solche Regeln beibringen und sollte sie auch loben, wenn sie sich daran halten. Nichts ist schlimmer, als bei einem hochkonzentrierten Verhandlungsgespräch mit einem Kunden auf der letzten »Zielgeraden« aus der Konzentration gerissen zu werden, weil Ihr Kind Ihnen ein selbst gemaltes Bild präsentieren möchte.

Aber hier spielt das Homeoffice durchaus auch seine Stärken aus, so kann man vielleicht vorher festgelegte Spielpausen mit in den Kalender aufnehmen und diese Zeit dann mit Kindern verbringen.

Das Arbeiten im Homeoffice bietet den großen Vorteil der zeitlichen Flexibilität. Arbeiten, bei denen man Ruhe braucht, zum Beispiel beim Erstellen von Präsentationen oder Berichten, kann man auch mal in den Abend legen, wenn die Kleinen schon schlafen.

Die dadurch frei gewordene Zeit am Tag kann für Pausen genutzt werden, in welchen der Familie und/oder dem Haushalt die volle Aufmerksamkeit geschenkt wird.

Wichtig im Homeoffice ist die Kommunikation:

- Nicht nur im Kreise Ihrer Familie müssen klare Regeln kommuniziert werden.

- Sagen Sie Ihren Gesprächspartnern außerdem immer zu Beginn des Gesprächs, dass Sie im Homeoffice sind und es sein kann, dass das Baby gleich schreit, die Kinder da sind und Sie eventuell kurz unterbrechen müssen.

*Setzen Sie gegenüber den Kindern klare Grenzen.*

## Anekdote aus dem eigenen Unternehmen

Wir hatten bei der Frettwork network GmbH während der Corona-Krise einen Skype-Teamcall und ein Mitarbeiter saß mit seiner Tochter auf dem Schoß im Call. Das störte überhaupt nicht und lockerte sogar die Atmosphäre und solange sich das Baby ruhig verhält, wird jeder Kollege oder Kunde Verständnis haben.

## Anekdote eines Bekannten

Der 10-jährige Sohn eines Bereichsleiters fluchte wie ein Rohrspatz, während seines äußerst spannenden Videospiels, weil er schon wieder abgeschossen wurde.

Der Bereichsleiter, der im Homeoffice arbeitete, zuckte jedes Mal zusammen und verlor die Konzentration, wenn sein Junior wieder lauthals schimpfte.

Zwar lagen immerhin zwei Etagen zwischen dem Büro und den Kinderzimmern, aber der offene Hausgrundriss hatte schon seine Nachteile.

### Anekdote einer ehemaligen Kollegin

Eine Arbeitskollegin verließ während eines Skype-Calls mit ihrer Fachabteilung aus der Firmenzentrale kurz ihr Büro, weil die 2-jährige Tochter nach der Mama rief.

Diese Gelegenheit nutzte die ältere Tochter (3,5 Jahre) sofort aus, setzte sich ans Laptop, schnappte sich die Kopfhörer und chattete munter mit den Arbeitskollegen weiter.

Die Kollegen nahmen es mit viel Humor und fanden die Situation sehr lustig. Die meisten im Call hatten selber Kinder, zeigten Verständnis und sprachen noch Monate später darüber.

Die Kollegin fand, dass es noch einmal gut gegangen war: »Meine Tochter hat zum Glück nichts Peinliches aus dem Familienalltag erzählt.«

Bei Schulkindern, die sich eigentlich selber sehr gut beschäftigen können, mussten in der Corona-Krise die Lehrer ersetzt werden. Erzählungen von Bekannten: »Er muss den Kindergärtner oder Lehrer ersetzen« bis hin zu: »Mein Mann ist jetzt vormittags vier Stunden der Lehrer für unsere Kinder und ich bin die nächsten vier Stunden dran«, hörte ich öfter.

Allerdings gibt es da auch eine andere wichtige Seite: Die Kinder sollten zu Hause nie das Gefühl haben, ein Störfaktor zu sein. Ein Kind den größten Teil des Tages aus einem Raum und dem Tagesablauf auszusperren, kann schon unter normalen

Umständen schwierig sein. Wenn dann noch besondere Umstände dazukommen – sei es eine globale Pandemie mit nationaler Ausgangssperre oder ein gebrochenes Kinderbein – müssen diese Umstände und ihre Auswirkungen in die Arbeitsplanung einbezogen werden.

Dafür ist es hilfreich, das Homeoffice nicht nur als möglichst genaue, aber effektivere Kopie des Büroalltages zu verstehen, sondern als Besonderheit des Familienalltages, wo sich dann auch mal das Arbeitsleben an die Gegebenheiten anpassen muss.

Beispielsweise ist es sinnvoll, die Arbeitsphasen über den Tag zu verteilen und Unterbrechungen einzuplanen, in denen die Kinder im Mittelpunkt stehen. Das kann eine gemeinsame kurze Pause, das Mittagessen, der Einkauf, Hausaufgaben, basteln oder eine Runde Skateboard vor der Haustür sein.

In Verbindung mit einer ergebnisorientierten Arbeitsaufgabe muss die scheinbar verlorene Zeit nicht unbedingt am Abend nachgeholt werden. Solche Unterbrechungen werden, ebenso wie eine kurze Kaffeepause, die Effizienz beim Arbeiten sogar erhöhen. Das Arbeitsergebnis wird abends fast zur gleichen Zeit fertig sein, als wenn man ohne Pause durchgearbeitet hätte.

Ein weiterer unbedingt zu respektierender Termin ist der Feierabend. Viele Mitarbeiter haben das Gefühl, sie müssten ständig erreichbar sein, wenn sie im Homeoffice arbeiten. Hier gilt jedoch wie im normalen Arbeitsalltag: Wenn Sie mit der Arbeit fertig sind, dann machen Sie den Computer aus und lassen die Aufgaben bis zum nächsten Tag ruhen.

Klar geregelte Zeiten sollten also nicht nur für die Zeiten des ungestörten Arbeitens gelten, sondern auch für die Familienfreizeit ohne berufliche Verpflichtungen.

## Fazit

1. Ein abgeschlossener Raum ist wichtig.
2. Das Homeoffice ist kein Spielzimmer.
3. Für die Familie müssen im Homeoffice klare Regeln aufgestellt werden.
4. Allen Familienmitgliedern muss klar sein, dass die Eltern arbeiten und nicht spielen können.
5. Bei Telefonaten müssen die anderen Rücksicht nehmen.
6. Loben Sie Ihre Kinder, wenn sie sich an die von Ihnen aufgestellten Regeln halten.
7. Schließen Sie Ihre Kinder nicht rigoros aus.
8. Planen Sie unbedingt die Zeit mit der Familie und den Kindern in den Arbeitsalltag ein.
9. Halten Sie Pausenzeiten für sich und die Familie ein.
10. Den Chefs und Managern muss klar sein, dass die Familie da ist und nicht auf Knopfdruck abgestellt werden kann.
11. Informieren Sie Ihre Kunden, dass Sie die Kinder im Haus haben und es möglicherweise zu Unterbrechungen kommen kann. Auch die Kunden sind vielleicht Eltern und bringen mehr Verständnis auf, wenn sie vorab informiert werden.
12. Feierabend heißt Zeit für die Familie, der Computer ist dann auch ausgeschaltet.

Einen Link zu den lustigsten Homeoffice-Tweets finden Sie hier: https://t3n.de/news/homeoffice-tweets-wahrheit-1133235/

# Working Mum – Erfahrungswerte einer zweifachen Mutter im Homeoffice

Ich bin Softwareentwicklerin und übe damit einen Beruf aus, in dem das Arbeiten im Homeoffice grundsätzlich möglich ist, solange der Arbeitgeber mir diese Möglichkeit auch einräumt.

## ■ Die Vorteile

Einer der größten Vorteile des Homeoffice besteht für mich persönlich in der zeitlichen Flexibilität. Und es könnte so schön sein: Morgens eine halbe Stunde länger schlafen oder mit meiner Familie ausgiebig frühstücken, den Laptop anschalten und mit meiner Arbeit loslegen – kein nerviger Berufsverkehr, kein Ärger mit den öffentlichen Verkehrsmitteln.

Mein Partner hat leider keine Möglichkeit, von zu Hause aus zu arbeiten. Wir haben zwei kleine Kinder im Kindergartenalter, daher bin ich natürlich froh, nicht ständig zwischen Büro und Kindergarten pendeln zu müssen. Ich kann meine Arbeitszeit frei einteilen und habe so die Möglichkeit, den berüchtigten Spagat zwischen Familie und Beruf bewältigen zu können. Das ist ein Privileg, welches ich sehr zu schätzen weiß.

## ■ Die Nachteile

Während der Corona-Pandemie musste ich jedoch die Erfahrung machen, dass Homeoffice kein grenzenloses und entspanntes Wundermittel gegen Stress und Zeitmangel ist, denn:

Irgendetwas passiert leider immer. Ob es darum geht, Pakete des Nachbarn anzunehmen, Arzttermine zu organisieren oder einen Kuchen für das Kindergartenfest zu backen – ganz zu schweigen von dem Wäscheberg, der verschwindet ja auch nicht von selbst. Alle Aufgaben, die im Alltag bewältigt werden müssen, sind permanent sichtbar, wenn man von zu Hause aus arbeitet. Da ist die Versuchung groß, mal eben »zwischendurch« etwas aufzuräumen, zu kochen oder die Wäsche zu sortieren. Dadurch wurde für mich die zeitliche Flexibilität zum Fluch und Segen zugleich!

Ich musste also etwas ändern!

### Einen Arbeitsplatz einrichten

Ich habe mir ein Büro eingerichtet, ausgestattet mit all den Materialien, die man für einen gut organisierten Arbeitsplatz braucht. So kann ich mich ganz ohne Ablenkung meiner Arbeit widmen. Außerdem plane ich meinen Arbeitstag bereits einen Tag im Voraus. Ich habe also feste Arbeitszeiten, kann aber durchaus flexibel reagieren.

Ich habe außerdem die Erfahrung gemacht, dass Homeoffice von Außenstehenden oft nicht als »richtige« Arbeit gewertet wird. Ein Beispiel dazu: Obwohl die Erzieher im Kindergarten sowohl die Handynummer von meinem Mann, als auch von mir besitzen, werde immer zuerst ich angerufen, falls die Kinder außerplanmäßig abgeholt werden müssen. Die Arbeit im Homeoffice suggeriert Außenstehenden scheinbar, man sei ständig und für jeden erreichbar. Ebenso verhält es sich mit den Nachbarn, die ihre Pakete abholen. Viele sind der Meinung, dass ich ausreichend Zeit für einen Plausch zwischen Tür und Angel oder eine Kaffeepause hätte.

### Grenzen setzen!

Ich entschied mich dazu, meinen Nachbarn deutlich zu kommunizieren, dass ich, auch wenn ich tagsüber zu Hause bin, arbeite! Das heißt: Pakete können erst abends abgeholt werden.

Mein Mann und ich fanden eine Regelung, wie wir künftig mit der Betreuung unserer Kinder und potenziellen Notfällen umgehen werden. Wir kommunizierten das auch an den Kindergarten.

### Fazit:

- Arbeitgeber und Arbeitnehmer müssen Kompromisse eingehen.
- Arbeitsnehmer müssen auf Erholungszeiten achten und Feierabendzeiten respektieren.
- Die Kommunikation mit Mitarbeitern oder Vorgesetzten ist das A und O. Eine tolle Möglichkeit ist, virtuelle Kaffeepausen mit den Arbeitskollegen einzulegen, um den Anschluss nicht zu verlieren. Außerdem sollte man den Kollegen klar kommunizieren, wenn Kinder im Hause sind. Das erhöht die Akzeptanz für die private Situation im Homeoffice.

# CHECKLISTEN FÜR ARBEITGEBER, FÜHRUNGSKRÄFTE UND MITARBEITER

Die folgenden Checklisten können unter www.frettwork-network.de/Homeoffice-ratgeber kostenlos heruntergeladen werden.

## Checklisten für Arbeitgeber

- ✓ Abstimmung mit der Personalabteilung
- ✓ Abstimmung mit dem Betriebsrat, falls vorhanden
- ✓ Abstimmung mit dem Datenschutz- und Arbeitssicherheitsbeauftragten
- ✓ Abstimmung mit der IT-Abteilung, welche Hard- und ggf. Software wird benötigt?
- ✓ Abstimmung mit den Führungskräften – Erstellung einer möglichen Teilnehmerliste
- ✓ Erstellung einer Kostenplanung (Ausstattung, Hard-/ Software/ Versicherung/ Zuschuss AN)
- ✓ Erstellung Richtlinie sowie Arbeitsvertragszusatz

## Checklisten für Führungskräfte

- ✓ Treffen Sie klare Vereinbarungen mit den Mitarbeitern.
- ✓ Schenken Sie den Mitarbeitern Vertrauen und nehmen Sie Ihre Fürsorgepflicht ernst.
- ✓ Vernachlässigen Sie Ihre Führungsverantwortung nicht – geben Sie regelmäßig Feedback.
- ✓ Schaffen Sie eine aktive Kommunikationskultur, z.B. Nutzung von Microsoft Teams/ Skype/ Chatsoftware.
- ✓ Stellen Sie sicher, dass Ihre Mitarbeiter die Bindung zum Unternehmen und Team nicht verlieren.
- ✓ Laden Sie Ihre Mitarbeiter regelmäßig zu Vor-Ort-Terminen ein.
- ✓ Schaffung von Arbeitsgruppen für Projekte/ Einführung Jour-fixe.
- ✓ Sprechen Sie Unstimmigkeiten direkt an.

## Checklisten für Arbeitnehmer

- Identifizieren Sie Aufgaben, die Sie aus dem Homeoffice erledigen können ggf. mit Ihrem Vorgesetzten.
- Setzen Sie sich täglich klare Ziele und definieren Sie Arbeitsblöcke – arbeiten Sie mit To-do-Listen.
- Halten Sie im Homeoffice Pausenzeiten ein.
- Verstecken Sie sich nicht hinter IT-Problemen – sprechen Sie aktiv mit der IT-Abteilung.
- Transparenz und Kommunikation mit Kollegen und Vorgesetzten sind wichtig.
- Tauschen Sie sich regelmäßig mit dem Team aus.
- Unstimmigkeiten mit dem Team bzw. dem Chef – sprechen Sie es aktiv an.
- Schalten Sie den PC nach Feierabend aus.

## Checkliste einer Mutter im Homeoffice

- ✓ Raum schaffen, einrichten eines separaten Arbeitsplatzes
- ✓ Separater Monitor und ergonomischer Bürostuhl
- ✓ Klare Tagesziele setzen
- ✓ Priorisierung von Aufgaben
- ✓ Sich auf das Wesentliche fokussieren
- ✓ Regelmäßige Pausen mit Bewegung festlegen
- ✓ Akzeptanz bei Nachbarn, Freunden, Familie schaffen
- ✓ Offen kommunizieren, dass Störungen nicht erwünscht sind
- ✓ Strukturierung des Alltags
- ✓ Grenzen zwischen Arbeit und Freizeit nicht verschwimmen lassen

## Checklisten der benötigten Technik/IT

- ✓ Welche Internetstruktur liegt im Homeoffice vor?
- ✓ Laptop und Laptoptasche
- ✓ Ggf. zusätzlicher Monitor, Tastatur, Maus
- ✓ VPN-Tunnel für den Zugang zu internen Laufwerken
- ✓ Installation und Einrichtung TeamViewer
- ✓ Installation und Einrichtung Skype bzw. Teams
- ✓ Installation und Einrichtung einer Telefonsoftware
- ✓ Mobiltelefon (nicht zwingend notwendig)
- ✓ Token (je nachdem, welche Vorgaben es gibt)
- ✓ Finales Testen durch die IT-Abteilung

## Checkliste Räumliche Anforderungen Arbeitszimmer

- ✓ Abgeschlossener Raum
- ✓ Nur unwesentliche private Mitbenutzung
- ✓ Kein Durchgangszimmer
- ✓ Büromäßige Ausstattung
- ✓ Arbeitszimmer wird ausschließlich als Büro genutzt

## Checkliste Datenschutz im Homeoffice

- ✓ Arbeitsplatz muss geschützter Raum sein.
- ✓ Externen Personen, hierzu zählt auch die Familie, ist kein Einblick gestattet.
- ✓ **Schriftliche Untersagung** der Nutzung von externen Festplatten und USB-Sticks.
- ✓ Es sollte ein abschließbarer Schrank für Laptop und Firmenunterlagen vorhanden sein.
- ✓ Gedruckte Unterlagen sind entweder zu vernichten oder einzuschließen, sie dürfen in keinem Fall offen liegen gelassen werden.
- ✓ Lassen Sie die Mitarbeiter im Homeoffice schriftlich bestätigen, dass Sie sich an die Vereinbarung halten.

## Checkliste Fit im Homeoffice

- ✓ Sie brauchen einen Laptop.
- ✓ Installieren Sie Skype, Teams oder Zoom.
- ✓ Stimmen Sie sich mit dem Trainer darüber ab, was für das Training benötigt wird.
- ✓ Legen Sie regelmäßige Teammeetings fest (sozialer Kontakt).
- ✓ Regelmäßigkeit ist wichtig und gibt Halt!
- ✓ Legen Sie kleine Pausen für Bewegung fest.
- ✓ Ausreichend Wasser trinken!
- ✓ Blicken Sie regelmäßig abseits des Bildschirms.
- ✓ Ausreichend und regelmäßig Lüften.

## Checkliste Trennung Berufs- und Privatleben

- ✓ Feste Arbeitszeiten einhalten
- ✓ Telefonische Erreichbarkeit auf die Arbeitszeiten begrenzen
- ✓ Nach Möglichkeit räumliche Trennung von Homeoffice und Privatleben
- ✓ E-Mails nur vom PC-Arbeitsplatz abrufen
- ✓ Privates Smartphone nur außerhalb der Arbeitszeiten anschalten

# HOMEOFFICE – BEITRÄGE AUS DER PRAXIS

## Silke Barthel, Personalleiterin

*Silke Barthel ist Personalleiterin bei der SOPTIM AG in Aachen.*

Homeoffice im arbeitsrechtlich definierten Sinne gibt es bei uns nicht, auch keine allgemeingültigen Regelungen oder Betriebsvereinbarungen. Letzteres u. a. auch, weil es bei uns keinen Betriebsrat gibt und wir sehr erfolgreich sind, flexibel Lösungen für alle zu finden.

Unser Standard ist, dass jeder, sofern es notwendig ist, mobil arbeiten kann, also in Absprache mit dem Team zum Beispiel von zu Hause aus arbeitet. Das wird gerne genutzt in Fällen wie »Die Möbel werden zwischen 8 und 17 Uhr geliefert.«

Sinnvoll kann mobiles Arbeiten auch sein, wenn Mitarbeiter weit entfernt wohnen, so werden Arbeitswege und Zeit dafür eingespart. Ich persönlich arbeite gerne von zu Hause, wenn ich sehr konzentriert arbeiten möchte – denn im Büro als Ansprechpartnerin für alle Mitarbeiter ist das manchmal schwer möglich.

Wir leben allerdings davon, dass wir im Team arbeiten, und da ist es förderlich, wenn wir auch im Team an einem Ort sind. Bei Projekten vor Ort bei unseren Partnern und Kunden sind wir natürlich persönlich anwesend.

Unsere Maxime ist »Sprechenden Menschen kann geholfen werden«, sodass wir im Unternehmen mit allen möglichen Varianten von kontinuierlicher Präsenz bis zu mehreren festen Tagen mit mobilem Arbeiten und allem dazwischen sehr erfolgreich sind. Diese sehr flexible Handhabung ist natürlich nur möglich, wenn alle Vertrauen haben – die Arbeitgeberin, dass die Arbeit erledigt wird, Mitarbeiter, dass alle an den erledigten Aufgaben und nicht an Präsenzzeit gemessen werden.

Für mich persönlich ist es wichtig, zum mobilen Arbeiten die Voraussetzungen zu schaffen, dass ich dies auch tun kann: eine Umgebung, in der ich ungestört bin und für meine Kollegen telefonisch erreichbar bin, usw ... Und dass ich ebenfalls für mich klar habe, wann ich arbeite und wann ich Freizeit habe, mich also auch nicht durch einen Rechner zu Hause dazu verführen lasse, doch noch schnell mal die E-Mails zu checken, anstatt abzuschalten.

Ich bin ein großer Fan des mobilen Arbeitens – und schon jetzt sehr gespannt, wie die Entwicklung weitergehen wird. Denn laut wissenschaftlichen Untersuchungen schätzen die Mitarbeiter von morgen eher einen Präsenzarbeitsplatz als die Vermischung von Arbeits- und Privatleben.

## Robert Spicker, Human Relations und Organisation

*Robert Spicker,*
*Director HR & Organisation,*
*Aurubis Stolberg GmbH & Co. KG*

Homeoffice in einem produzierenden mittelständischen Unternehmen mit hohem gewerblichem Anteil wird noch etwas konservativ und vorsichtig angegangen.

Die Erfahrung zeigt, dass üblicherweise zuerst die Außendienstmitarbeiter klassisch damit starten. Dies bringt leider schon die ersten Bedenken und negativen Begleiterscheinungen, da die Homeoffice-Tage dort immer freitags stattfinden (»verlängertes Wochenende?«).

Die meisten Manager sind grundsätzlich mit der Möglichkeit für Homeoffice ausgestattet, nutzen dies dann eher zusätzlich zur normalen Arbeitszeit. Die Anwesenheit und Sichtbarkeit im Unternehmen stellt eine Gewohnheit dar, die in Produktionsunternehmen schwer zu überwinden ist.

Eine Veränderung hat die Zunahme von Teilzeit gebracht. Viele Homeoffice-Arbeitsplätze sind aus der Not heraus entstanden, zeigen aber in der Praxis einen klar sichtbaren Erfolg. Es handelt sich meist um gut qualifizierte Mitarbeiter, die aus familiären Gründen nicht mehr in Vollzeit zur Verfügung stehen können. Hier zeigt sich eine gute Annahme sowohl bei Vorgesetzten als auch im Team bzw. bei den Kollegen.

Homeoffice ist zwar geregelt, wird aber nur sehr vorsichtig von den Mitarbeitern in Anspruch genommen. Die Kultur dafür muss sich noch entwickeln. Es herrscht noch eine hohe Anwesenheitserwartung und die Vollzeitmitarbeiter selbst trauen sich noch nicht so richtig, da es zu Missgunst und Neid kommen kann.

Hier besteht deutlicher Nachholbedarf. Insbesondere durch weitere technische Möglichkeiten, zum Beispiel mit Teams, gibt es neue Möglichkeiten, Mitarbeiter auch aus dem Homeoffice in ein Meeting dazuzunehmen oder einfach nur einen Austausch vorzunehmen.

Die Vertrauenskultur ist als Basis in unserem Unternehmen vorhanden, aber die Durchbrechung der gewohnten Rituale ist noch eine Hürde. Homeoffice wird in produzierenden Unternehmen aus meiner Sicht nur bis zu einem gewissen Grad möglich sein. Mitarbeiter komplett im Homeoffice wird es neben den Außendienstmitarbeitern eher selten geben. Aber als Ergänzung halte ich das für sehr sinnvoll.

Durch Homeoffice lernt das Unternehmen, sich zu organisieren und anders aufzustellen.

Die Fachexpertise der Mitarbeiter wird zudem nochmal anders sichtbar. Aus Sicht der Mitarbeiter ist es eine lange überfällige Ergänzung der Arbeitsweise für die eigene Flexibilität, wobei einige Mitarbeiter insbesondere zu Hause lernen müssen, sich zu konzentrieren und sich nicht ablenken zu lassen.

Zusammengefasst finde ich die gesunde Mischung sehr wichtig. Ein Vorleben durch das Management kann ein guter Beitrag zum weiteren Ausbau sein.

## Personalleiterin und HR-Interim Managerin mit langjähriger Erfahrung auf europäischer Ebene, Frankfurt/Main

Die klaren Vorteile des Homeoffice sind für mich die Verbindung von Beruf und Familie, freie Zeiteinteilung, bessere Möglichkeiten zur Nutzung kreativer Phasen, das Fehlen eines aufwendigen Arbeitsweges, die Unabhängigkeit von Witterungsbedingungen, eine höhere Eigenverantwortung sowie Motivation und ungestörte Arbeitsmöglichkeiten.

Ich habe mit diesem System über lange Jahre sehr gute Erfahrungen gemacht, dies bedeutet aber auch für Unternehmen und Vorgesetzte, die entsprechende Vertrauenskultur zu fördern und nicht sofort misstrauisch zu werden, wenn ein Kollege einmal nicht sofort ans Telefon geht.

Eine Tätigkeit im Homeoffice erfordert eine klare Regelung der Arbeitszeit, da der Begriff Homeoffice nicht gleichzusetzen ist mit völliger Flexibilität bei Arbeitszeit oder Arbeitsort.

Es ist wichtig, eine transparente Richtlinie zu implementieren, damit es nicht zu Verunsicherungen der Mitarbeiter kommt, und viel zu kommunizieren.

Mitarbeitern empfehle ich, sehr genau zu analysieren bzw. in sich hineinzuhorchen, ob man im Homeoffice arbeiten kann, nicht jeder ist dafür geeignet.

Vorgesetzte müssen mehr kommunizieren und einbinden, damit diese Art von Zusammenarbeit nicht scheitert.

Als Arbeitgeber kann man sich im Rahmen des Employer Branding noch attraktiver am Markt positionieren.

Durch die Verbesserung der Arbeitsqualität und -produktivität sowie eine höhere Arbeits- und Ergebniszufriedenheit zeigen sich die erwarteten Erfolge, auch ohne dass die Mitarbeiter vor Ort sind.

In Krisen (wie zum Beispiel einer Pandemie) zeigt sich außerdem, welche Unternehmen bereits im Vorfeld aktiv waren. Deren Mitarbeiter sind jetzt entsprechend ausgestattet und an das Homeoffice-Umfeld gewöhnt.

Unternehmen, die noch nicht mutig genug sind, den ganzen Schritt zu gehen, könnten eine Testphase mit freiwilligen Mitarbeitern und gegebenenfalls dem Betriebsrat durchführen.

Zusammengefasst empfinde ich die Entwicklung im Bereich Homeoffice für beide Parteien als sehr positiv, aber es ist noch Raum für Verbesserungen da.

## Aus der Berufspraxis eines angestellten Steuerberaters

Als Dienstleister ist mein Beruf vom täglichen Kontakt mit Mandanten und Mitarbeitern geprägt. Insbesondere die telefonische Erreichbarkeit und Ansprechbarkeit ist ein wesentliches Merkmal meines Arbeitsalltags im Büro. Der Schwerpunkt meiner Tätigkeit ist die steuerrechtliche Beurteilung bestehender komplexer Sachverhalte sowie die Gestaltungsberatung unter Berücksichtigung steuerlicher Konsequenzen.

In der Vergangenheit habe ich nur zu bestimmten Anlässen, wenn beispielsweise bestimmte Arbeitsaufträge meine ungeteilte Aufmerksamkeit erforderten, von zuhause aus gearbeitet. Hier diente das Homeoffice als Zufluchtsort vor den täglichen Anforderungen, die aus der Ansprechbarkeit für Mandanten und Mitarbeitern hervorgehen. Besonders die Ruhe im Homeoffice, dadurch, dass man telefonisch nicht erreichbar war, nutzte man, um Arbeiten konzentriert und ohne Unterbrechung zu erledigen. Dieses konzentrierte Arbeiten empfinde ich einerseits als wesentlich anstrengender, da die ununterbrochenen Arbeitsintervalle deutlich länger sind, andererseits ist die Arbeit aber auch erheblich effizienter erledigt.

Seit der COVID-19-Pandemie bin ich regelmäßig an festen Tagen im Homeoffice. Mittlerweile bin ich auch telefonisch zuhause zu erreichen, sodass mein Homeoffice-Arbeitsplatz nun ein »vollwertiger« Arbeitsplatz geworden ist. Dies hat natürlich die Effizienzsteigerung durch das ungestörte Arbeiten etwas relativiert, wobei zumindest die internen Anfragen von Mitarbeitern deutlich seltener sind, als dies im Büro der Fall wäre.

Für meine private Situation empfinde ich das Arbeiten im Homeoffice als deutliche Entlastung. Allein der erhebliche Zeitaufwand für die Wege zwischen Arbeits- und Wohnort, der nicht mehr anfällt, macht den Arbeitsalltag deutlich entspannter. Weiterhin bin ich in der glücklichen Lage, dass sich mein Homeoffice-Arbeitsplatz außerhalb unserer Räumlichkeiten befindet, die wir sonst zum Leben nutzen, sodass meine Familie nicht durch mich gestört wird und ich umgekehrt auch ungestört arbeiten kann. Da meine Frau derzeit in Elternzeit ist, sind auch keine unvorhergesehenen Arbeitsunterbrechungen wegen der Betreuung unserer einjährigen Tochter zu erwarten. Insofern habe ich ideale Voraussetzungen für die Arbeit im Homeoffice.

Das Arbeiten im Homeoffice erfordert jedoch auch Disziplin, damit die Arbeitszeit nicht ausufert. So halte ich mich strikt an feste Arbeitszeiten ähnlich wie im Büro und schalte meine berufliche Telefonleitung nach Ende der Arbeitszeit ab. So stelle ich sicher, dass ich nur während meiner normalen Arbeitszeiten erreichbar bin und mein berufliches und privates Leben strikt voneinander getrennt bleiben können. Die bereits genannte räumliche Trennung ist dem selbstverständlich ebenfalls zuträglich. Grundsätzlich achte ich ebenso darauf, dass meine beruflichen E-Mails nur über meinen PC-Arbeitsplatz abrufbar sind und sie nicht auf das Smartphone synchronisiert werden, um sicherzustellen, dass ich mich nicht noch nach Feierabend mit beruflichen Problemen beschäftige. Dies halte ich für eine absolut notwendige Maßnahme, um eine Trennung zwischen Arbeit und Beruf sicherzustellen und ein entspanntes Abschalten vom Berufsstress möglich zu machen. Zusätzlich benötigt man aber auch während der Arbeitszeit ein kleines bisschen Disziplin, um ausreichend Arbeitspausen zu machen, sodass man die eigene Leistungsfähigkeit den Tag über gewährleisten kann.

Ein Nachtteil des Homeoffice ist der Mangel an sozialen Kontakten im Berufsalltag. Der gelegentliche Kaffee mit Kollegen, bei dem neben dem privaten Kontakt auch häufig berufliche Fragestellungen diskutiert werden, ist telefonisch oder per Video-Call nicht in gleichem Umfang möglich und fällt daher oft eher aus. Langfristig wäre meines Erachtens die ausschließlich telefonische Erreichbarkeit einer Führungskraft für Mitarbeiter ebenfalls ein Problem, da es wichtig ist für Mitarbeiter, auch persönlich ansprechbar zu sein. Dies setzt regelmäßige und zeitlich umfassende Präsenz in den Büroräumen voraus.

## Bereichsleiter während der Pandemie, HR & Legal

Es gab in unserem Unternehmen immer große Bedenken gegenüber »Homeoffice« beziehungsweise »mobilem Arbeiten«, denn so ist die rechtlich korrekte Bezeichnung. Folgende Punkte waren die Gründe dieser Bedenken:

1. Wir sind eine Firma, die bereits seit vielen Jahren besteht und somit auch mit einer langjährigen Arbeitskultur. Mobiles Arbeiten war nie Teil dieser Arbeits- und Firmenkultur und daher erst einmal fremd für die Mitarbeiter, Manager und die Firmenleitung.

2. Prävention von Betriebsspionage stand/steht außerdem immer im Vordergrund.

3. Es gab Bedenken, dass das mobile Arbeiten negativ ausgenutzt wird. Insbesondere auch deshalb, weil vornehmlich Mitarbeiter danach gefragt haben, um währenddessen aktiv ihre Kinder von zu Hause aus zu betreuen. Also solche Anfragen, bei denen nicht das mobile Arbeiten im Vordergrund stand, sondern der Wunsch, auch während der Arbeitszeit andere Dinge zu tun beziehungsweise die Pflege von Angehörigen und Betreuung der Familie mit der Arbeit zu vereinbaren.

Diese Bedenken sind aktuell allerdings überwiegend verschwunden, da wir durch äußere Einflüsse gezwungen waren, teilweise ins mobile Arbeiten zu gehen und die Mitarbeiter vorbildlich bewiesen haben, dass manche dieser Bedenken teils einfach haltlos waren und sich nur wenige leider bestätigt haben.

Es hat sich außerdem gezeigt, dass manche Tätigkeiten, wie zum Beispiel Besprechungen von Zeichnungen und Ähnlichem, in einer Videokonferenz sogar wesentlich besser visualisierbar sind. Meetings sind jetzt auch viel einfacher zu planen, da diese ortsunabhängig sind.

Wir haben außerdem gute wirksame Mittel zum Technologieschutz gefunden, um auch diese Bedenken auszuräumen.

Die wenigsten Mitarbeiter »erbummeln« sich private Zeit im mobilen Arbeiten. Im Gegenteil, viele sind sogar darauf bedacht zu beweisen, dass sie genau dort, also im Homeoffice, produktiv sind.

Positiv ist auch, dass jetzt wesentlich weniger Meetings stattfinden, in denen Blindzeit vergeudet wird. Außerdem werden Teilnehmer zu Videokonferenzen auch bewusster ausgewählt. Dies hat wirklich einen sehr guten Effekt auf die Planungen von Terminen, Zeit und Ressourcen. Die Zeit im Homeoffice hat natürlich auch Nachteile aufgeworfen, die wir in Zukunft lösen müssen.

Ein Beispiel:
Das Verständnis für die Auswahl – nicht jeder Mitarbeiter kann mobil arbeiten in einem Produktionsunternehmen, überwiegend eher maximal 40 Prozent. Ausschließlich von zu Hause sinnvoll arbeiten könnten maximal 5 Prozent der Mitarbeiter von Produktionsunternehmen.

Zudem muss bei den Kollegen noch ein Bewusstsein entstehen, dass Homeoffice-Tage keine zusätzlichen freien Tage sind, sondern, dass die Kollegen an diesen Tagen genauso arbeiten wie alle anderen Kollegen vor Ort in den Büros.

Dauerhaft über ganze Wochen Homeoffice zu nutzen, ist allerdings keine Option für uns. Denn es behindert die Arbeitsabläufe und kurzen Dienstwege vor Ort nicht unerheblich. Die Kollegialität und das Gemeinschaftsgefühl leiden ebenfalls, wenn man sich über längere Zeiträume nicht mehr persönlich sieht. Tageweise erscheint dies hingegen sinnvoll möglich, insbesondere um lange Fahrtzeiten zu reduzieren oder für Tätigkeiten, bei denen man beispielsweise keine Störung vertragen kann – also ein klarer Gewinn für beide Seiten!

Nicht jede Tätigkeit und nicht jeder Mitarbeiter ist für das Homeoffice geeignet und nicht jeder Mitarbeiter möchte von zu Hause aus arbeiten. Die Auswahl liegt im Ermessen des Arbeitgebers, wobei die Wünsche des einzelnen Arbeitnehmers berücksichtigt werden müssen. Die Tätigkeit wie der Mitarbeiter selbst müssen Homeoffice-kompatibel sein. Es kann immer sein, dass nicht alle Mitarbeiter aus verschiedensten Gründen bei gleicher Tätigkeit fähig oder willens sind, mobil von zu Hause zu arbeiten.

Darüber hinaus müssen auch psychische Belastungen, die das Homeoffice mit sich bringen, beziehungsweise verstärken kann, so gut wie möglich verhindert werden. Man kann Mitarbeitern einen Leitfaden an die Hand geben, um auch in häuslicher Arbeitsumgebung eine Tagesstruktur zu schaffen. Dazu gehört auch eine ruhige Arbeitsumgebung (keine Hintergrundgeräusche zum Beispiel während des Video-Calls). Gleichzeitig darf dies nicht dazu führen, dass der Mitarbeiter sich ständig erreichbar fühlen muss oder meint, er müsse durch »Überperformance« ständig seine mobile Tätigkeit gegenüber anderen Mitarbeitern rechtfertigen und weit über die übliche Arbeitszeit online sein. Die Kollision mit dem Arbeitszeitgesetz muss ebenfalls vermieden werden. Die Kernarbeitszeit muss erhalten bleiben.

## Eric Klein Breteler, Unternehmer, Aachen und Niederlande

*Eric Klein Breteler*

*»Auch als selbstständiger Unternehmer muss man an seiner nachhaltigen Beschäftigungsfähigkeit arbeiten. Ich arbeite viel von zu Hause aus, allerdings sind mir persönlich Kontakte und Verbindungen enorm wichtig. Deshalb nutze ich oft gemeinsame Büros, also sogenannte »Coworking Offices« wie zum Beispiel Qeske in Vaals/Niederlande und das DigitalHUB in Aachen. Dort treffe ich andere Unternehmer*

*und tauche in die Energie eines so kreativen Ökosystems ein.*

*Allerdings fiel mir immer mehr auf, dass die Menschen, die motiviert und extrem konzentriert bei der Arbeit am Laptop sind – schließlich ist ihr Geschäft auch ihr »Baby« – , ihre eigene Gesundheit vernachlässigen. Sie sitzen stundenlang vor ihren Bildschirmen und vergessen dabei, sich zu bewegen oder regelmäßig Übungen zu machen. Das lässt sich doch sicherlich auch anders machen«, so Eric Klein Breteler.*

Da er selbst schon einmal unter Verspannungen und Rückenproblem litt, kannte Eric diese Problematik bereits. Früher arbeitete er im Finanzsektor und brachte davor ein Software-Start-up auf den Markt. In beiden Funktionen saß er extrem viel an seinem Schreibtisch vor einem Bildschirm.

Er bemerkte regelmäßig, dass die Stunden verflogen, ohne dass er von seinem Stuhl aufstand. Die Nackenverspannungen und Schmerzen im Unterrücken wurden leider immer schlimmer.

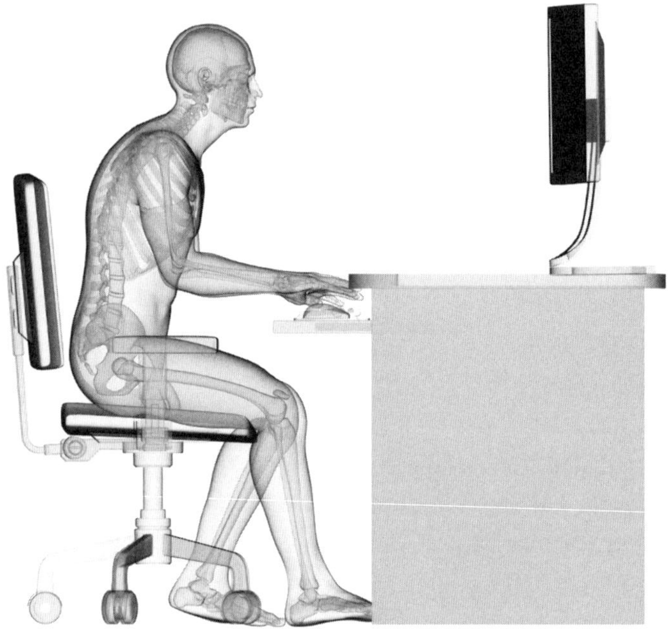

*Achten Sie auf Haltung!*

Auf der Suche nach einer Lösung für dieses Problem stieß er auf ein Online-Programm, welches mit wenig Aufwand eine große Wirkung erzielen sollte. Er installierte es auf seinem Computer, um ab sofort seinen »persönlicher Trainer« am eigenen Schreibtisch zu haben, der ihn regelmäßig ermahnte, sich zu bewegen.

> *»Ich fing an, mit diesem Programm zu arbeiten, da ich wusste, dass man nicht zu lange vor dem Computerbildschirm sitzen sollte. Allerdings fand ich es äußerst schwierig, eine Übung konsequent in der vorgegebenen Zeit durchzuführen. Ich kann*

*dieses Programm auch genau nach meinem eigenen Zeitplan und meinen eigenen Bedürfnissen einstellen. Dann werde ich daran erinnert, zu den festgelegten Zeiten bestimmte ergonomische Übungen durchzuführen. Insgesamt sind es mehr als hundert Übungen. Die meisten von ihnen sind körperlich – stehend, liegend oder sitzend. Eine Reihe von mentalen Übungen helfen mir, abzuschalten und mich zu entspannen.«*

Durch die Pandemie wurden viele gezwungen, im Homeoffice zu arbeiten. Manchmal achtet das Unternehmen auf die Ergonomie, wie zum Beispiel durch die Bereitstellung eines guten Bürostuhls. Häufig musste die Umsetzung aber so schnell gehen, dass nicht an einen ergonomischen Arbeitsplatz zu denken war. Abgesehen davon wird von den Mitarbeitern erwartet, dass Sie sich um die Umsetzung ihrer Aufgaben kümmern. Und so vergehen viele Stunden, in denen man sich nicht oder nur wenig bewegt, eine schlechte Haltung annimmt und der Rücken schmerzt. Da man die Kollegen auch nicht mehr im Büro antrifft und keine gemeinsamen Pausen macht, wird die Bewegung immer weniger. Kein Gang zur Kaffeemaschine, kein Gang zum Schreibtisch eines Kollegen, niemand, der Sie daran erinnert, rechtzeitig eine Pause einzulegen. Gleichzeitig erfordern Online-Sitzungen viel Konzentration, und da die Reise- und Pendelzeiten im Homeoffice oft zur Gänze wegfallen, füllen sie teils den Tag komplett am Schreibtisch aus.

Ein digitaler persönlicher Coach am Schreibtisch ist in diesem Fall natürlich ideal, um in Bewegung zu bleiben. Die Mitarbeiter spüren sofort den Sinn und Nutzen dahinter. Und das Gute: Als Arbeitgeber kommt man durch eine virtuelle Prävention der Fürsorgepflicht nach und vermeidet außerdem dauerhafte Gesundheitsschäden, was unter Umständen auch zu langwierigen Erkrankungen der Mitarbeiter führen könnte.

*»Ich habe den Test selbst gemacht und auch mit anderen Unternehmern und deren Mitarbeiter gesprochen«, so Eric.*

So können beispielsweise Mitarbeiter, die gezwungen sind, von zu Hause aus zu arbeiten, ihre Übungen für fixe Zeiten einplanen. Die Übungen fördern die Konzentration und tragen auch noch zum Teamgeist bei. Es soll ja Spaß machen und einen Nutzen haben!

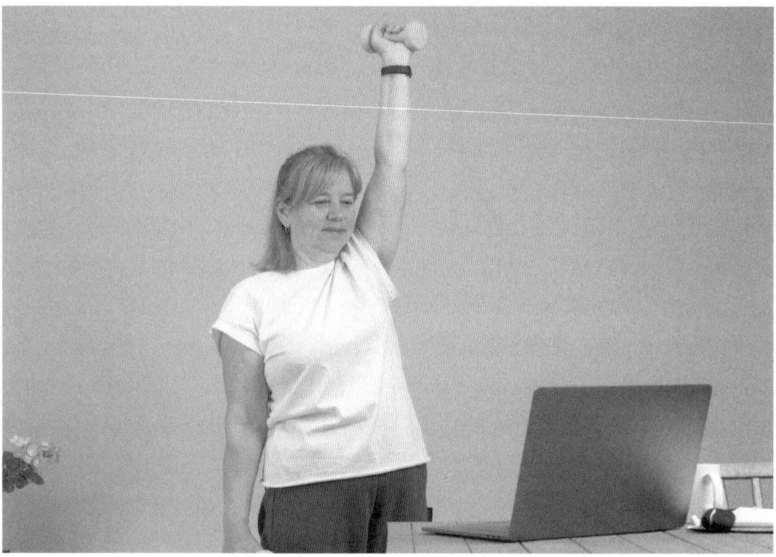

*Schaffen Sie Zeit für Bewegung im Homeoffice.*

*»Ich habe zum Beispiel gehört, dass Benutzer von Online-Programmen während einer Besprechung ihre Kamera ausschalten und ein paar Übungen machen, damit sie mit einem*

*neuen Fokus weitermachen können. Auf diese Weise bekommen Sie auch dann noch Bewegung, wenn Sie Ihre Agenda durchgearbeitet haben und die Sitzungen fast ohne Pause aufeinander folgen. Ein äußerst kluges Vorgehen«, so Eric.*

Ich bedanke mich ganz herzlich bei Eric Klein Breteler für seinen Praxisbericht. Sie sehen: Es gibt viele Möglichkeiten, die Mitarbeiter in Bewegung zu halten. Entweder mittels eines Online-Tools, eines Trainers, der zu festen Zeiten Übungen zeigt, externer Lauf- und Sportgruppen, und vieles andere mehr. Wichtig ist, dass Unternehmen diese Betätigungsfelder einführen und langfristig umsetzen!

## Ulrike Härtel, Berlin: Homeoffice – warum wollen nur alle ins Homeoffice?

*Ulrike Härtel*

Vor fast acht Jahren bekam ich ein Angebot, für eine Firma zu arbeiten, die nicht an meinem Wohnort Berlin angesiedelt war.

Mein geliebtes Berlin zu verlassen, war keine Option, aber der Job war genau das, wonach ich gesucht hatte. Die Firma bot mir an, von Berlin aus zu arbeiten, 14-tägige Aufenthalte am Firmensitz waren Dienstreisen, hinzu kamen viele Kundenbesuche in ganz Deutschland. Da ich mich sowieso gerne in meinen vier Wänden aufhielt, nahm ich dieses Angebot gerne an.

Für mich war von Anfang an klar, Homeoffice geht NICHT am Küchentisch. Es musste ein Büroraum her. Ich richtete mir zu Hause einen Arbeitsplatz ein und erhielt die entsprechende Hardware von der Firma.

Jeden Morgen saß ich pünktlich um 9:00 Uhr frisch geduscht, »kundenfreundlich angezogen«, geschminkt und mit Schuhen an meinem Arbeitsplatz. Ich konnte nicht konzentriert arbeiten mit Hausschuhen oder Socken. Mein Freund fragte mich zu Beginn immer: »Hast du einen Termin außer Haus?«.

*Ulrike Härtel im Homeoffice.*

Da ich viel unterwegs und auch regelmäßig am Firmensitz war, genoss ich auch die Zeit wieder zuhause zu sein.

Am Anfang schien es mir nicht so wichtig, ein freundschaftliches Verhältnis zu Kollegen aufzubauen, ich hatte ja einen großen Freundeskreis. Dies erwies sich als ein Trugschluss.

Ich gehörte irgendwie nie richtig dazu, war die mit der »Sonderrolle«, übernachtete im Hotel, reiste mit der Bahn und dem Flugzeug an. Andere Kollegen wohnten auch in anderen Städten und hatten tägliche Arbeitswege von 50 bis 70 Kilometern und DURFTEN damals nur in Ausnahmefällen ins Homeoffice. Ich kam mir oft wie das fünfte Rad am Wagen vor.

Homeoffice hat den Vorteil, dass man etwas freier in seiner Zeiteinteilung ist und dass man teilweise konzentrierter arbeiten kann (Ich habe keine kleinen Kinder zuhause und mein Freund ging täglich ins Büro). Selbstverständlich kann man so auch mal eine Maschine Wäsche waschen, kurz einkaufen gehen oder auch etwas kochen.

Der riesengroße Nachteil war für mich aber, dass ich den Face-to-Face Austausch mit den Kollegen und Kolleginnen sehr vermisst habe. Meetings, in denen man die Köpfe zusammensteckt, der kurze Talk in der Küche beim Kaffeeholen, das gemeinsame Mittagessen, Sport nach der Arbeit, den Geburtstagskuchen teilen, Stimmungen mitbekommen, zu sehen, wie gut oder auch schlecht mancher aussieht, Empathie zeigen, trösten, sich gemeinsam über etwas aufregen, Flurfunk, einfach alles Zwischenmenschliche. Das fehlt im Homeoffice.

Auch was die Gesundheit betrifft, denn gesundes Sitzen oder Stehen bei der Arbeit ist echt wichtig. Mir wurde auch kein besonderer Schreibtisch oder Schreibtischstuhl vom Unternehmen zur Verfügung gestellt.

Als weiteren Nachteil habe ich empfunden, dass man sich oft für seine Arbeitszeit rechtfertigen muss, denn viele denken nach wie vor, dass im Homeoffice nicht richtig gearbeitet wird. Das stimmt natürlich nicht, ich habe oft länger gesessen oder auch mal nebenbei gearbeitet. Ist man im Büro, sehen die Kollegen, wie lange du da bist. Leider wird das auch immer noch für viele Chefs als Kriterium für gute Arbeit gesehen.

In den letzten Jahren im Homeoffice habe ich mich oft einsam gefühlt, abgehängt und nicht wirklich dazugehörig.

Seit Februar arbeite ich in einem Unternehmen an meinem Wohnort Berlin und finde es absolut bereichernd, meine Kollegen zu treffen und sich auszutauschen, auch über berufliche Themen hinaus. Ich möchte es nicht mehr missen!

Homeoffice bei Bedarf ist wunderbar. Ich finde, jede Firma sollte den Mitarbeitern diese Möglichkeit geben (sofern es der Beruf zulässt), wenn man einmal ganz konzentriert arbeiten will, wenn man Kinder zu betreuen hat, halbtags arbeitet und der Fahrtweg zu lang ist, wenn man auf den Handwerker wartet und natürlich auch in Zeiten einer Pandemie.

Allerdings bin ich der Meinung, müssen Führungskräfte dafür trainiert werden, wie sie mit Mitarbeitern im Homeoffice arbeiten. Die technischen Voraussetzungen müssen gegeben sein, Telefonate und Meetings grundsätzlich mit Kamera abgehalten werden oder das »digitale Kaffeetrinken«, eine gemeinsame digitale Mittagspause eingeführt werden. Es gibt hier sehr viele Möglichkeiten. Der regelmäßige Face-to-Face Austausch ist in meinen Augen aber auf Dauer unersetzlich.

Mein Fazit lautet daher: Wenn Homeoffice, dann richtig! Sprich, das richtige Equipment und einen eigenen Arbeitsbereich. Eine Mischung aus Präsenz in der Firma und Homeoffice finde ich am besten. Firmen sollten grundsätzlich Arbeitszeiten und Arbeitsmöglichkeiten bieten, die mit den Lebenssituationen der Mitarbeiter kompatibel sind.

## Frank Bärmann, content & pr agentur conpublica: Homeoffice ist gar nicht so einfach – ein Erfahrungsbericht

*Frank Bärmann, Inhaber der content & pr agentur conpublica, Heinsberg*

Meine Frau und ich arbeiteten aufgrund unserer privaten Situation schon vor der Corona-Pandemie regelmäßig im Homeoffice. Wir beide nutzen den Heimarbeitsplatz im tageweisen Wechsel schon seit einigen Jahren: montags und donnerstags ist meine Frau in Aachen und ich arbeite von zu Hause aus, damit unser Hund nicht alleine ist. Dienstags, mittwochs und freitags arbeitet meine Frau dann im Homeoffice.

Zunächst war es also eine freudige Nachricht, dass meine Frau von ihrem Arbeitgeber zu Beginn des Lockdowns im

März 2020 komplett ins Homeoffice geschickt wurde. »Yeah«, dachten wir, »Das ist toll!« Nicht mehr mindestens drei Tage pro Woche pendeln, im Stau stehen und gestresst nach Hause kommen. Doch die Euphorie verschwand schnell, als sich herausstellte, dass Homeoffice mit zwei Personen gleichzeitig nicht wirklich funktioniert. Nicht, weil das Internet nicht ausreicht (wir haben immerhin eine 400 Mbit-Glasfaserleitung), sondern weil nur ein einziger Arbeitsplatz zur Verfügung stand. Üblicherweise hatte ich mich bisher an meinen beiden Homeoffice-Tagen an den Esstisch gesetzt, während meine Frau nebenan ihren Arbeitsplatz hatte. Nebenan ist aber nicht räumlich komplett getrennt und schallisoliert, sodass es immer wieder zu Konflikten kam, wenn wir beide telefonieren mussten oder ein Team-Meeting hatten. Letztendlich zog ich beruflich komplett ins Büro. Das war sozusagen eine regelrechte Flucht aus dem Homeoffice ins Büro.

Zufällig befindet sich meine Firma in den Räumlichkeiten eines Coworking-Space in Heinsberg. Hier traf ich in den Folgewochen des Lockdowns regelmäßig auf Mitarbeiter von Firmen, die in Aachen oder anderen Landkreisen und Städten ansässig waren, sowie Leute aus dem Kreis Heinsberg, die nicht mehr vor Ort arbeiten wollten oder konnten. Sie hatten keinen Arbeitsplatz mehr, zu Hause keinen Platz oder keine Ruhe, um ungestört im Homeoffice zu arbeiten. Schließlich wurden zur selben Zeit auch die Schulen und Kindergärten geschlossen, sodass der Nachwuchs auch noch zu Hause war.

Wir konnten diesen »armen Menschen« in unserem Coworking-Space ein neues, temporäres berufliches Zuhause geben. Denn für viele war das Homeoffice zu dieser Zeit praktisch gar nicht umsetzbar.

In meiner eigenen Firma – einer kleinen Dreipersonen-Agentur – war das Thema Homeoffice nicht ganz neu. Schließlich arbeitet eine meiner Mitarbeiterinnen, eine junge Mutter, von Anfang an im Homeoffice. Die zweite Mitarbeiterin, die in Teilzeit vormittags im Büro arbeitet, schickte ich auch zügig ins Heimbüro, um die Ansteckungsgefahr (sie gehört zur Risikogruppe) zu minimieren. So arbeitete ich in unserem Büro alleine und genauso isoliert wie im Homeoffice, auch wenn ich nicht zu Hause war.

Eine für mich spannende Zeit, wenn auch ganz anders als in den Jahren zuvor.

## Gruppenleiterin, Nordrhein-Westfalen

Vor der Pandemie konnte ich mobiles Arbeiten für zwei Tage in der Woche bei meinem Arbeitgeber beantragen, wenn eine Präsenz vor Ort nicht erforderlich war.

In der aktuellen Pandemiephase arbeite ich beinahe ausschließlich von zu Hause aus. Mein Arbeitgeber stellt mir sämtliche Geräte zur Verfügung, die mir einen Zugriff auf alle Programme und Dateien ermöglichen, die mir auch im Büro zur Verfügung stehen. Über die Endgeräte kann ich auch ohne Probleme telefonieren oder an Videokonferenzen teilnehmen.

Die ersten drei Wochen des mobilen Arbeitens von zu Hause, im Frühjahr 2020, endeten jedoch leider beim Orthopäden. Gleich im Anschluss daran habe ich in einen professionellen Schreibtisch und Bürostuhl investiert. Insofern kann zumindest das mobile Arbeiten keinen Grund mehr für einen Besuch beim Orthopäden darstellen.

Der Austausch mit Kollegen und Kolleginnen fehlt mir natürlich sehr. Denn er ist, wenn alle im Büro sind, wesentlich direkter, manchmal auch beiläufiger beziehungsweise spontaner. Es bieten sich schneller Gelegenheiten für einen persönlichen Austausch.

*Der regelmäßige Austausch mit Kollegen ist wichtig.*

Persönliche Gespräche gelingen allerdings auch gut über das Telefon oder mittels Video-Calls. Das ist meist genauso intensiv wie im Präsenzkontakt, wenn man sich schon sehr lange kennt und eine Grundvertrautheit besteht. Der Austausch über die meisten beruflichen Themen klappt über die digitalen Kanäle sehr gut. Auch Workshops, Diskussionsrunden, sogar Netzwerktreffen sind möglich. Allerdings stelle ich fest, dass Frauen mit diesen digitalen

Kontakten pragmatischer oder auch zugewandter umgehen. Männer beklagen häufiger, dass der Präsenzaustausch nicht möglich sei und sehen die Gefahr, dass das Ergebnis des Gespräches/Austausches darunter leiden könnte. Diese Erfahrung habe ich bislang nicht gemacht.

Ich gehe davon aus, dass digitale Austauschformate und mobiles Arbeiten nach der Pandemie weiterhin ein fester Bestandteil unseres Berufsalltages sein werden. Konzentriertes Arbeiten, weniger Ablenkung – gilt aber nur, wenn man ganz allein in einem Raum für sich arbeiten kann. Wenn gleichzeitig beispielsweise Homeschooling oder Kinderbetreuung notwendig ist, gilt dies im Zweifel nicht.

Für meine persönliche Situation sehe ich aktuell keine Verbesserungsmöglichkeiten. Verbesserungspotenzial sehe ich bei den jeweiligen Rahmenbedingungen: digitale Ausstattung (Hard- und Software), ergonomische Arbeitsmöglichkeiten, Vorhandensein von Räumlichkeiten und Gegebenheiten, die ein konzentriertes Arbeiten zulassen. Aus diesen Beispielen leite ich individuelle Verbesserungspotenziale ab.

Meine Empfehlung daher:

Mobiles Arbeiten bedeutet zugleich weniger soziale Kontakte insbesondere in Zeiten einer Pandemie. Deshalb gilt es, die Menschen aufzufangen und ihnen digital Wahrnehmung, Gehör und Zugewandtheit zu schenken, da sie sich teils einsam oder nicht ausreichend wertgeschätzt fühlen. Digitaler Austausch kann dies nur begrenzt auffangen. Deshalb ist es gerade für Führungskräfte eine wichtige Aufgabe, dies auch über die digitalen Medien zu leisten. Gleichwohl sollten auch Arbeitsteams wachsam sein und es als Gemeinschaftsaufgabe begreifen, dass man sich gegenseitig die notwendige Aufmerksamkeit und Zugewandtheit schenkt.

Davon profitiert jeder – das gilt auch außerhalb einer Pandemiephase.

## Fragen an einen Global Key Account Manager

**Was sind Ihrer Meinung nach die Vorteile für Arbeitgeber, Arbeitnehmer und Unternehmer?**

- Der Arbeitnehmer verliert keine Zeit und Energie bei der Fahrt zur Arbeitsstelle, d. h. der Arbeitstag kann auch mal früher (oder später) beginnen und später (oder auch mal früher) enden; insgesamt arbeitet man zeitlich länger im Homeoffice als im Büro (meine Einschätzung).
- Deutlich höhere Effizienz der Arbeit im Homeoffice, mit weniger Ablenkung durch Kollegen und Meetings.
- Man kann leichter »offline« gehen und sich auf wichtige Aufgaben konzentrieren (auch über einen längeren Zeitraum, man muss sich nur trauen, den Aus-Knopf von Handy, Skype et cetera zu drücken).
- Multi-Tasking-Kommunikation ist leichter möglich (zum Beispiel mehrere Online-Chats parallel durchführen).

**Worauf sollte man bei einer Homeoffice Regelung unbedingt achten?**

- Die Regelung kann sowohl eine bestimmte Anzahl von Tagen im Homeoffice pro Woche/Monat als auch 100 Prozent Homeoffice beinhalten, da Reisetätigkeiten zu Kunden und Firmen-Meetings dann sowieso flexibel eingeplant werden (müssen).

- Die Firma muss moderne Hard- und Software zur bestmöglichen Kommunikation zwischen Homeoffice, Firma und Kunden zur Verfügung stellen.
- Auch sind Sicherheitsaspekte für die Arbeit im Homeoffice (Elektrik, Ergonomie, Beleuchtung, Stolperfallen …) zu berücksichtigen.
- Klärung, wer Online-Anbieter organisiert und bezahlt.
- Homeoffice muss vom TOP-Management als normaler Arbeits-Status akzeptiert und gegebenenfalls vorgelebt werden, damit nicht ein gewisses Image an einzelnen Leuten im Homeoffice kleben bleibt (»Ah so, ist er mal wieder schön zu Hause im Homeoffice geblieben …«)

**Was ist Ihrer Meinung nach problematisch?**

- Sehr gute Internet- und Telefonverbindungen sind ein Muss, da man sonst zu viel Energie durch Ärger über die schlechten Verbindungen verliert und einfach keine (gute) Kommunikation möglich ist.
- Ein Homeoffice braucht einen separaten Raum mit ausreichend Abgrenzung zum privaten Umfeld (ständige Ablenkung durch Lärm und Reinplatzen ist schlecht); d. h., man muss sich und dem privaten Umfeld Grenzen setzen.
- Auch innerhalb der Firmenbüros muss räumlich und ausstattungsseitig die Möglichkeit zur Kommunikation mit Homeoffice-Mitarbeitern gegeben sein (i.e. Mini-Zellen/-Räume bzw. Besprechungsräume)

**Wie ist Ihre persönliche Erfahrung, Homeoffice selber zu nutzen?**

- Ich habe im Prinzip 100 Prozent Homeoffice, bin aber zu Kunden- und firmeninternen Terminen auch an den jeweiligen Standorten im Rahmen einer Dienstreise.
- Effizienter als im Büro; bessere Fokussierung, wenn konzentriertes Arbeiten notwendig ist; weniger Ablenkung als im Büro.
- Schlechte Kommunikationstools und -verbindungen sind leider immer wieder ärgerlich, da die meiste Kommunikation über Skype-, Teams- oder Lync-Meetings geht (national und international).
- Ich bin deutlich flexibler in meinem Büro-Alltag (auch in Kombination mit privaten Themen).
- Ich kann mich legerer und somit auch bequemer kleiden.

**Wie ist Ihre persönliche Erfahrung, wenn die eigenen Mitarbeiter beziehungsweise Kollegen Homeoffice-Tage nutzen?**

- Erreichbarkeit ist genauso über die modernen Kommunikationstools gegeben.
- Kollegen sind i. d. R. entspannter und nehmen sich mehr Zeit, da nicht schon der nächste Kollege oder der Chef vor dem Schreibtisch steht.
- Sensible Themen sind leichter zu besprechen.
- Komplexere und längere Themen (wie zum Beispiel Präsentationen) sind wesentlich einfacher und schneller durch die Kommunikationstools zu bearbeiten.

## Fragen an einen IT Projektmanagers eines Software-Dienstleisters, Bonn

**Was sind Ihrer Meinung nach die Vorteile für Arbeitgeber, Arbeitnehmer und Unternehmer?**

- Der Arbeitnehmer muss sich keinen Urlaub nehmen, wenn er mal privat auf einen Techniker oder Handwerker warten muss. Man spart sich auch die Anfahrtswege und hat dadurch mehr Zeit für sich.
- Für den Arbeitgeber sind die krankheitsbedingten Ausfallzeiten geringer, weil man zum Beispiel mit einem leichten Schnupfen noch von zu Hause arbeiten kann.
- Grundsätzlich ist die Flexibilität, die der Arbeitnehmer gewinnt, auch von Vorteil für den Arbeitgeber, da beispielsweise auch wesentlich flexibler auf Gesprächsanfragen in Projekten oder bei Supportfällen reagiert werden kann.
- Dadurch, dass unsere Firma schon immer Homeoffice angeboten hat, waren wir in der Corona-Krise problemlos in der Lage, aus dem Homeoffice zu arbeiten. Unser Business ging, wie auch bei den meisten unserer Kunden, einfach von zu Hause weiter. Das war und ist ein Riesenvorteil für uns alle.

**Worauf sollte man bei einer Homeoffice Regelung unbedingt achten?**

- Wir als kleine Firma haben keine expliziten niedergeschriebenen Homeoffice-Regeln. Jeder weiß, dass er Homeoffice machen kann, wenn es notwendig ist.

- Grundsätzlich muss die IT-Infrastruktur so ausgelegt sein, dass man problemlos im Homeoffice arbeiten kann. Wir haben eine dezentralisierte IT-Infrastruktur, die aus einem Rechenzentrum und einer Anzahl von Cloudservices besteht. Alles ist aus dem Internet über das Firmen-VPN erreichbar. Wir haben also keinen Server im Büro stehen, deswegen ist der Arbeitsort für uns völlig egal, solange man eine Internetverbindung hat.
- Datenschutz und IT-Security müssen allerdings auch im Homeoffice gegeben sein, hier muss der Arbeitgeber von sich aus die geeigneten Maßnahmen treffen, um den Zugriff auf die Firmendaten zu sichern.
- Grundsätzlich beruht Homeoffice immer auf gegenseitigem Vertrauen.

**Was ist Ihrer Meinung nach problematisch?**

- Zur Kommunikation werden gute Headsets und die entsprechenden Internetleitungen benötigt. Hintergrundgeräusche müssen auch unbedingt minimiert werden, da sie massiv stören.
- Zu Hause ist jeder selbst für seine IT verantwortlich und kann keinen Support bekommen. Das ist bei uns als IT-Unternehmen allerdings kein Problem. Für andere Branchen ist vermutlich ein schneller IT-Support sehr nützlich. Denn wenn das VPN nicht geht, kann man meist nicht arbeiten.
- Trotz aller Kommunikationsmittel wird man dennoch ein bisschen zum Einzelkämpfer. Da ich aber globale Projekte betreue, spreche ich mit meinen Kunden eh nur über Telefonkonferenzen und bin diese Vorgehensweise auch gewohnt. In der Corona-Krise machten wir auch intern alles über Telefonkonferenzen.

Es wurde aber schon schnell der Ruf nach Video-Chats laut. Diese werden sicherlich kurzfristig im Eins-zu-eins-Kontakt eingeführt, um eine gewisse Nähe zum Team wiederzugewinnen.

**Wie ist Ihre persönliche Erfahrung, Homeoffice-Tage selbst zu nutzen?**

- Ich nutze Homeoffice, wenn zu Hause ein Handwerkertermin ansteht oder ich eine leichte Erkältung habe und meine Kollegen nicht anstecken möchte.
- Da wir als Softwaredienstleister auch den Support unserer Anwendungen sowie die Produktivstellung neuer Versionen durchführen, können wir diese zum Beispiel am Wochenende von zu Hause aus betreuen und müssen dafür nicht ins Büro. Das finde ich einen tollen Vorteil.
- Grundsätzlich arbeite ich aber im Homeoffice eher mehr als im Büro, da ich meist zur gleichen Zeit aufstehe und dann starte, wenn ich normalerweise aus dem Haus gehen würde. Also arbeite ich in der Zeit, die ich sonst für die Anreise ins Büro brauche.
- Ich bin im Homeoffice produktiver, da ich weniger Unterbrechungen habe.

**Wie ist Ihre persönliche Erfahrung, wenn die eigenen Mitarbeiter beziehungsweise Kollegen die angebotenen Homeoffice-Tage nutzen?**

- Manchmal ist es schon etwas unpraktisch, wenn man nur mal kurz etwas wissen will und der Kollege gerade nicht auf eine

Chatnachricht antwortet. Im Büro kann man kurz nachfragen und hat dann, was man benötigt. Grundsätzlich läuft das aber alles unproblematisch.

- Wenn man weiß, dass der Kollege morgen wieder im Büro ist, verschiebt man manchmal auch ein Meeting auf den nächsten Tag, um das persönlich besprechen zu können.

# FAQ ZUM THEMA HOMEOFFICE

**1. Wie wird das Homeoffice beantragt?**
Angestellter und Vorgesetzter sollten sich abstimmen und die Möglichkeiten und Regelungen besprechen. Der Vorgesetzte wird je nach Genehmigungsprozess mit dem HR-Bereich die weiteren Schritte besprechen. Es kann auch sein, dass der Mitarbeiter offiziell einen schriftlichen Antrag stellen muss.

**2. Wo wird das Homeoffice organisatorisch angesiedelt?**
Organisatorisch bleibt alles gleich. Die Angestellten bleiben Mitarbeiter ihres Fachbereiches, sie arbeiten jetzt lediglich im vereinbarten Zeitrahmen von zu Hause aus.

**3. Wie funktioniert die Zeiterfassung für Homeoffice-Zeiten?**
Der Mitarbeiter ist verantwortlich für die korrekte Zeiterfassung d. h. er protokolliert seine Homeoffice-Zeiten, aber auch die Pausen. Je nach Prozess erhält der Vorgesetzte monatlich diese Zeiten/ Daten vorgelegt. Die üblichen Arbeitszeit- und Pausenregelungen gelten auch im Homeoffice, soweit nichts anderes vereinbart wird.

**4. Wie ist der Mitarbeiter im Homeoffice erreichbar?**

Funktional ist der Mitarbeiter an Homeoffice-Tagen in der Regel genauso erreichbar, als wäre er an seinem Arbeitsplatz im Unternehmen – natürlich nur telefonisch, per E-Mail oder über andere digitale Wege, zum Beispiel Microsoft Teams. Natürlich können hierzu abweichende Regelungen getroffen werden, die dann zu beachten sind. Die zeitliche Erreichbarkeit sollte vertraglich geregelt werden.

**5. Wer trägt die Kosten für das Homeoffice?**

Wer die Kosten trägt, hängt davon ab, ob es eine vertragliche Regelung gibt. Grundsätzlich ist der Arbeitgeber gemäß § 670 BGB zum Kostenersatz verpflichtet. Dort ist aber nicht genauer geregelt, welche Kosten gemeint sind. Zudem kann der Arbeitgeber diese Regelung komplett ausschließen, sodass es gar keinen Kostenersatz gibt. Sinnvoll ist deshalb immer eine vertragliche Regelung. Die kann zum Beispiel beschreiben, ob der Arbeitgeber sämtliche Kosten für die IT-Ausstattung übernimmt oder die Kosten bei Selbstbeschaffung erstattet. Ebenso kann der Arbeitgeber einen Zuschuss zur Miete, zu Nebenkosten oder für den Internetzugang gewähren. Das alles gilt es zu vereinbaren.

Einige Arbeitgeber bezuschussen das Homeoffice in Form einer Pauschalzahlung monatlich über die Gehaltsabrechnung, aber auch die Einsparung der Fahrtkosten wird manchmal berücksichtigt. Das hängt vom jeweiligen Unternehmen ab.

**6. Darf sich der Vorgesetzte das Homeoffice ansehen?**

Damit die Einhaltung bestehender Arbeitsschutz- und Arbeitsplatzvorschriften im Vorfeld und nach Aufnahme der Homeoffice-

Tätigkeit sichergestellt und überprüft werden kann, erteilt der Mitarbeiter im Zusatz zum Arbeitsvertrag die Einwilligung zur Begehung der häuslichen Arbeitsstätte durch Vertreter des Unternehmens und gesetzlich vorgesehener externer Stellen (zum Beispiel Berufsgenossenschaft oder Aufsichtsbehörde Datenschutz). Begehungen werden rechtzeitig vorher angekündigt und mit dem Mitarbeiter abgestimmt.

**7. Welche Anforderungen an den Homeoffice-Arbeitsplatz gibt es?**

Die erforderliche IT-Ausstattung (Laptop, Mobilfunkgerät, Einrichtung eines VPN-Tunnels etc.) sollte der Arbeitgeber zur Verfügung stellen. Wichtig ist, dass die gesamte Ausstattung den Anforderungen der geltenden Gesetze und Verordnungen entspricht. Hierzu finden Sie weitere Informationen im Kapitel »Der Homeoffice-Arbeitsplatz«. Die Ausstattung besprechen Arbeitgeber und Arbeitgeber im Vorfeld, Der Arbeitnehmer muss ein abgeschlossenes Zimmer zur Verfügung stellen, das nur zum Arbeiten genutzt wird.

**8. Welche Absicherung gibt es bei Arbeitsunfällen im Homeoffice?**

Arbeitsunfälle an der häuslichen Arbeitsstätte sowie Wegeunfälle zur betrieblichen Arbeitsstätte sind durch die Berufsgenossenschaft versichert. In häuslicher Umgebung sind grundsätzlich nur die betrieblichen Tätigkeiten in dem jeweiligen Arbeitsraum versichert. Ein Unfallversicherungsschutz für die restlichen (privaten) Räume des Hauses oder der Wohnung besteht nicht, auch der Toilettengang und der Weg zur Kaffeemaschine sind nicht versichert.

**9. Was kann ein Mitarbeiter tun, wenn der Vorgesetzte ständig kontrolliert?**
Er sollte das offen bei seinem Vorgesetzten ansprechen; vielleicht hilft auch zu erläutern, an welchen Themen er arbeitet oder einen Jour fixe vorzuschlagen, an dem man die Aufgaben und Ergebnisse bespricht.

**10. In welchen Arbeitsbereichen bzw. für welche Funktionen ist eine Homeoffice-Regelung möglich?**
Das kann man nicht generell festlegen, hier muss eine genaue Betrachtung der Aufgaben sowie der Gegebenheiten im Unternehmen erfolgen.

**11. Wie kann ein Vorgesetzter das Homeoffice ablehnen?**
Er sollte transparent, offen und ehrlich sein. Leider kann nicht jeder seine Arbeit von zu Hause aus erledigen. Manche Aufgaben erledigen sich ausschließlich oder leichter am Arbeitsplatz. Sollte der Vorgesetzte Bedenken haben, dass der Mitarbeiter nicht geeignet ist, ohne Einbindung in das Team im Homeoffice zu arbeiten, so sollte er das so äußern, wie er es auch gegebenenfalls in einem Beurteilungsgespräch ansprechen würden.

Vielleicht hilft auch eine Homeoffice-Probezeit, um zu sehen, ob dies funktioniert.

**12. Was kann ein Vorgesetzter tun, wenn er das Gefühl hat, sein Mitarbeiter nutzt das Homeoffice eher für private Themen als produktiv für das Unternehmen zu sein?**
Er sollte sofort das persönliche Gespräch suchen und den Mitarbeiter zur Klärung an den Unternehmensstandort einladen. Je nach Sachverhalt empfiehlt es sich, den HR-Bereich hinzuzuziehen

und weitere Maßnahmen, zum Beispiel Widerruf des Homeoffice, Er- oder Abmahnung zu ergreifen.

**13. Was passiert mit dem bisherigen Arbeitsvertrag?**
Für die Arbeit im Homeoffice muss der gültige Arbeitsvertrag um die Regelungen ergänzt werden, die die Homeoffice-Tätigkeit umfassen.

**14. Was versteht man unter Homeoffice? Kann der Arbeitgeber Mitarbeiter verpflichten, dauerhaft von zu Hause aus zu arbeiten?**
Bei der Homeoffice-Regelung wird unterschieden zwischen einem gelegentlichen, sporadischen Arbeiten vom häuslichen Arbeitsplatz aus und der Tätigkeit an festen Tagen in der Woche. Es ist nicht sinnvoll, dies auf die gesamte Arbeitszeit auszuweiten. Achten Sie darauf, dass der Zusatz zum Arbeitsvertrag dies exakt wiedergibt. Ein Weisungsrecht des Arbeitgebers, den Mitarbeiter (dauerhaft) ins Homeoffice zu senden, gibt es nicht. Auch der Umfang der Tätigkeit im Homeoffice ist in der Vereinbarung zwischen Arbeitgeber und Arbeitnehmer zu regeln. Es gibt kein einseitiges Bestimmungsrecht.

**15. Hat ein Außendienst-Mitarbeiter ein Anrecht auf ein Homeoffice?**
Mitarbeiter im Außendienst, deren Vertriebsregion sehr weit vom Unternehmenssitz liegt, erhalten im Normalfall ein Homeoffice, damit keine zu langen Anfahrtswege zum Kunden entstehen. Aber auch hier gilt: Ein Anrecht gibt es nicht – eine solche Regelung muss vertraglich festgelegt werden.

**16. Homeoffice und Kinder, ist dies die Lösung?**
Wie gesagt, nicht jede Funktion ist Homeoffice-tauglich.
Bevor Sie einen Antrag stellen, überlegen Sie sehr gut, ob sich Homeoffice und Kinderbetreuung vereinbaren lassen. Haben Sie die Möglichkeit, ungestört Aufgaben zu erledigen?

Sicherlich kann man im Notfall in Absprache mit dem Vorgesetzten vom Homeoffice aus arbeiten, für eine generelle Regelung sollte man eine genaue Analyse machen.

**17. Ein Arbeitnehmer wurde während der Corona-Krise ins Homeoffice geschickt, obwohl man vorher immer Homeoffice abgelehnt hatte. Hat er jetzt einen dauerhaften Anspruch auf Homeoffice?**
Als Arbeitgeber hat man natürlich eine besondere Fürsorgepflicht und dieser muss man auch nachkommen. Daraus resultiert aber kein Rechtsanspruch auf dauerhaftes Homeoffice. Allerdings hat der Arbeitnehmer mit dieser Maßnahme ganz gute Argumente für die Zukunft.

**18. Kann ich die Homeoffice-Pauschale zusätzlich zum Arbeitnehmerpauschbetrag geltend machen?**
Die Homeoffice-Pauschale ist bereits im Arbeitnehmerpauschbetrag enthalten und kann somit nicht zusätzlich geltend gemacht werden. Der Arbeitnehmerpauschbetrag beträgt pro Jahr 1.000 Euro. Das Ansetzen weiterer Werbungskosten lohnt sich, sobald der Pauschbetrag überschritten wird.

**19. Welche Voraussetzungen muss ich für das Einreichen der Homeoffice-Pauschale erfüllen?**

Ob Sie von zu Hause, also im Homeoffice auf Ihrem Sofa, am Esstisch oder am Schreibtisch sitzen, ist unerheblich. An den Arbeitsplatz in Ihrer Wohnung sind keine bestimmten Voraussetzungen geknüpft.

**20. Kann ich die Homeoffice-Pauschale ab 2020 jedes Jahr bei der Steuererklärung ansetzen?**

Diese Regelung gilt zunächst für zwei Jahre. Für 2020 und 2021.

**21. Muss ich meine Homeoffice-Anwesenheitstage nachweisen?**

Sobald das Finanzamt Nachweise verlang, müssen Sie die im Homeoffice verbrachten Tage glaubhaft machen und nachweisen können.

**22. Ist eine bestimmte Form für den Homeoffice-Nachweis vorgesehen?**

Bisher ist noch keine bestimmte Form für den Homeoffice-Nachweis vorgeschrieben.

# ZUR AUTORIN

Seit vielen Jahren beschäftige ich mich mit dem Thema Homeoffice, auch Remote Work oder Telearbeit genannt. Ich habe lange in der Hard- und Softwareindustrie gearbeitet, hier war das Arbeiten im Homeoffice immer üblich. Als Personalleiterin bekam ich die Anträge auf Homeoffice auf den Tisch und befasste mich daher auch mit den Themen Arbeitsschutz, Arbeitssicherheit, Telearbeitsverträge und so weiter, für die ich Regularien entwickeln musste.

Da ich Mitarbeiter und Kollegen an verschiedenen Orten hatte, auch in Übersee, musste ich aufgrund der Zeitverschiebung zu ungewöhnlichen Zeiten Telefonate führen und virtuelle Meetings leiten. Dabei erwies sich das störungsfreie Arbeiten von zu Hause aus als ideal. So habe ich in über 15 Jahren Erfahrungen mit Homeoffice sammeln können, sowohl in meiner Praxis als Personalleiterin, Managerin und Unternehmerin als auch im Austausch mit Kollegen und Freunden.

Ich freue mich über Anregung und Feedback unter folgender E-Mailadresse: info@frettwork.de

# Danksagung

Ich möchte mich bei den nachfolgenden Personen ganz herzlich bedanken für:

- den schriftlichen Input.
- den wertvollen Erfahrungsaustausch.
- das Durch- sowie Querlesen und Korrigieren.
- das Kaffee kochen und mir Telefonate abnehmen, damit ich mich konzentrieren kann.
- die fachliche, persönliche und seelische Unterstützung.
- das Vernetzen mit anderen Kollegen.

Dank ihrer Unterstützung sowie Rückmeldungen, lebt dieser Praxisratgeber und führte letztendlich zu diesem tollen Ergebnis!

Jede einzelne Person hat dazu beigetragen und mich inspiriert.

- Robbie, dem Mann an meiner Seite, der mir immer den Rücken freihält,
- mein »kleiner« Bruder Lothar,
- Harry aus Esch,
- Dodo, Mirek und Carola,
- Frank Bärmann (conpublica),
- Andreas Rüther, Fachanwalt für Arbeitsrecht,
- Paul Kittel aus Belgien,
- Dennis, Maurice, Sascha,
- Tom, dem Firefighter,
- Erdi und Anni (Stier-Power),
- Katharina, trotz dem Stress mit Job und Kindern,

- Ulli aus Berlin,
- Theo Boumans (Boumans Advocaten) aus den Niederlanden,
- Robert Spicker,
- Silke Barthel,
- Roland Breda,
- Boris Gillissen (BCG),
- Niko,
- Dave Janssen aus den Niederlanden,
- Dr. Marc Stautner,
- Herr Lange,
- Eric Klein Breteler,
- Helmut Gräfen, dem Autor des *Microsoft Teams: Praxis-Handbuch*,
- Arne Dericks, unserem Personal- und Rückentrainer,
- Carlo, für die sensationellen selbstgebackenen Kekse, die mir ein tolles Nervenfutter waren.

Zum Schluss auch ein herzliches **DANKESCHÖN** an Sie als Leser und/oder Impulsgeber! Über jede einzelne Rückmeldung habe ich mich sehr gefreut und hoffe, dass dies auch weiterhin so lebendig bleibt wie bisher ☺

# LINK- UND QUELLENVERZEICHNIS

**ADAC-Staubilanz**: https://www.adac.de/verkehr/verkehrs-informationen/staubilanz

**ArbStättV - Arbeitstättenverordnung**: https://www.gesetze-im-internet.de/arbst_ttv_2004/BJNR217910004.html

**ArbZG - Arbeitszeitgesetz**: https://www.gesetze-im-internet.de/arbzg/BJNR117100994.html

**Checkliste Büroarbeitsplatz – Einstieg in die Gefährdungs-beurteilung**: https://www.vbg.de/bt/bueroarbeit/p_buero/leitf/2.htm

**DIN EN ISO 9241-5:1999-08 - https://www.beuth.de/de/norm/din-en-iso-9241-5/20125666**

**Excel-Vorlage für Arbeitszeiterfassung** unter: www.frettwork-network.de/Homeoffice-ratgeber

**Facharbeit Institut für Sozial- und Präventivmedizin Zürich**, Abstract unter: https://doi.org/10.1007/BF01998104

**Familienpflegezeitgesetz** - https://www.bundesgesundheitsministerium.de/pflege-zu-hause.html#c4762

**Leitfaden für die Gestaltung von Bildschirm- und Büroarbeitsplätzen - DGUV Information 215-410** https://publikationen.dguv.de/widgets/pdf/download/article/409

**Link zur Excel-Vorlage für Arbeitszeiterfassung unter**: www.frettwork-network.de/Home-Office-ratgeber

**Lustige Homeoffice-Tweets**: https://t3n.de/news/Home-Office-tweets-wahrheit-1133235

**»Recht auf Homeoffice-Arbeitsplatz: Kommt das Gesetz?«:** https://www.haufe.de/personal/arbeitsrecht/Homeoffice-was-beim-arbeiten-von-zuhause-zu-beachten-ist_76_301172.html

**Stanfort Studie**: https://people.stanford.edu/nbloom/sites/default/files/wfh.pdf

**Studie »Enclothed cognition«**: https://www.alltagsforschung.de/kleider-machen-leute-unsere-kleidung-beeinflusst-unser-denken/

**Studie Bitkom**: https://www.bitkom.org/Presse/Presseinformation/Vier-von-zehn-Unternehmen-setzen-auf-Home-Office

**Studie der IKK zum Berufspendeln**: https://www.ikk-gesundplus.de/gesundheit/gesund_im_beruf/berufspendler/

**Studie Techniker Krankenkasse zum Thema Gesundheit und Mobilität**: https://www.tk.de/resource/blob/2048574/98bac-b6f0900b95f38e5b9feb723a096/gesundheitsreport--mobilitaet-in-der-arbeitswelt-data.pdf

**Telearbeit und Mobiles Arbeiten – Ein Datenschutz-Wegweiser** –https://www.bfdi.bund.de/SharedDocs/Publikationen/Faltblaetter/Telearbeit.pdf?__blob=publicationFile

**Tipps zur Einrichtung des Bildschirmarbeitsplatz laut BG**: https://www.bghm.de/arbeitsschuetzer/praxishilfen/arbeitsschutz-kompakt/065-bildschirmarbeit/

**Überblicksgrafik VGB zum Thema Homeoffice**: https://www.certo-portal.de/arbeit-gestalten/artikel/zuhause-arbeiten-how-to-Home-Office/

**Verordnung über Arbeitsstätten (Arbeitsstättenverordnung - ArbStättV), Anhang Anforderungen und Maßnahmen für Arbeitsstätten nach § 3 Absatz 1.** https://www.gesetze-im-internet.de/arbst_ttv_2004/anhang.html

**Vias Studie zum Homeoffice in Belgien**: https://www.vias.be/fr/newsroom/plus-d1-belge-sur-5-fait-du-teletravail-la-moitie-pourrait-en-faire-

**Zahlen des Umweltbundesamtes zu Umweltbelastungen durch Verkehr**: https://www.umweltbundesamt.de/daten/verkehr/umweltbelastungen-durch-verkehr

1 *Quelle: ADAC und Umweltbundesamt*
2 *Bund Verlag »Arbeitsschutz – 7 Fragen zu mobiler Arbeit« https://www.bund-verlag.de/aktuelles~7-fragen-zu-mobiler-arbeit~.html*
3 *Wie es in Belgien leider oft der Fall ist, wird die Website in den beiden Landessprachen Französisch und Niederländisch, nicht jedoch in der dritten offiziellen Landessprache Deutsch angeboten. Es besteht also noch Potenzial für Verbesserungen.*
4 *Quelle: https://www.eap-assist.de/index.php/start.html*
5 *Quelle: https://www.bundesregierung.de/breg-de/aktuelles/verordnung-zu-homeoffice-1841202*

# STICHWORTVERZEICHNIS

**Symbole**
9-to-5–Regel 63

**A**
Abschreibung 112, 113
ADAC 23, 205
Adam, Hajo 59
Alternierende Telearbeit 17
Arbeitgeberattraktivität 39, 48
Arbeitnehmerpauschbetrag 198
Arbeitsplatz-Modelle 22
Arbeitsrecht 80, 203
Arbeitsschutzbestimmung 63
Arbeitsschutzgesetz (ArbSchG) 27, 80ff., 127
Arbeitsstättenverordnung (ArbStättV) 80, 81, 127, 128
Arbeitszeitgesetz 64, 81, 86, 87, 205
Arbeitszeitgesetz (ArbZG) 81, 86f.
Aufschieberitis 54
Aurubis Stolberg GmbH & Co. KG 163

**B**

Bärmann, Frank 181, 203
Barthel, Silke 161, 203
Betreuung 45, 141, 151, 167, 169
Betriebsrat 91, 94, 96, 161, 166
Betriebsvereinbarung 81, 88, 94, 96
Bloom, Nicholas 48
Boumans & Partners Advocaten 28
Boumans, Theo 28
Breteler Klein, Eric 172, 203
Bündnis 90 / Die Grünen 25

**C**

Call 56, 145, 146
Cloudservice 190
CO2-Footprint 31
content & pr agentur conpublica 181
Corona-Krise 25, 27, 145, 146, 189, 190, 198
Coworking-Space 182

**D**

Datenmissbrauch 51
Datenschutz 92, 98, 100, 133, 190, 195, 207
Datenschutzgrundverordnung (DSGVO) 9, 98
Desk-Sharing 49
Digitalisierung 15
Digitalverband Bitkom 51
Dropbox 133

**E**

Employee Assistance Program (EAP) 46
Elektromobilität 24
Employer Branding 39, 165
Enclothed cognition 59, 206
EUGH 86
Excel-Sheet 53
Excel-Tabelle 64, 88

**F**

Fachkräftemangel 22
Flexibilität 22, 28, 40, 44, 144, 164, 165, 189
Frettwork network GmbH 145

**G**

Galinsky, Adam 59
Gefährdungsbeurteilung 82, 83, 84, 205
Generation Z 22
Google Drive 133
GoToMeeting 133
Gräfen, Helmut 134, 203
Grundgesetz (GG) 83

**H**

Härtel, Ulrike 177f., 203
Homeoffice 22, 40, 56, 80 f. und ff., 81, 84, 85, 86, 88, 89, 92, 93, 94, 95, 96, 97, 98, 100, 101, 102, 105, 106, 107, 108, 114, 117, 119, 120, 122, 124, 125, 127, 131, 132, 133, 141, 142, 143, 144, 146, 147, 148, 161, 163, 164, 165, 166, 186, 194, 197, 198, 206, 207
Homeoffice-Pauschale 118, 198, 199

**I**

Institut für Sozial- und Präventivmedizin Zürich 47, 205
Institut VIAS 31
IT-Infrastruktur 18, 190

**J**

Jour fixe 196

**K**

Kasper, Daniel 101
Kittel, Paul 30
Klimawandel 22
Kontrollwahn 51
Konzentrationsmangel 47
Kostenerstattung 63, 91, 119
Kostenreduzierung 48

**M**
Microsoft OneDrive 133
Microsoft Teams 133, 194
Missstimmung 51
Mitarbeiterbindung 48
Mobbing 51, 62
mobile Telearbeit 17

**N**
Netzwerk 26

**O**
Ölberg 21
OneNote 134, 137
OPM GmbH 101
Outlook 134, 136

**P**
Pandemie 147, 166
Pilotprojekt 65
Planner 134, 137, 138
Poolarbeitsplatz 107
Pool-Büro 108
Priorisierung 54
Private-Cloud-Lösung 133
Probephase 65
Provisions-Gehaltsmodell 64
Public-Cloud-Lösung 133

**R**
Recruiting 41, 48
Remote Work 17, 201
Rüther, Andreas 80

**S**
Schlafmangel 47
Selbstdisziplin 54, 142
Server 26, 131, 190
SharePoint 134, 137
Show-Stopper 40
Skype 55, 56, 57, 132, 133, 145, 146, 186, 188
Skype-Call 56, 57
Skype for Business 133
Skype-Konferenz 132
Skype-Video 55
Slack 133
Sozialversicherungsrecht 96
SPF Mobilité et Transports 31
Spicker, Robert 163, 203
Spreed 133
Steuererklärung 111, 199
St. Nikolaus Hospital 30

**T**

Tarifvertrag 81, 88
Teams 34, 69, 70, 71, 76, 133, 134, 135, 136, 137, 138, 164
Techniker Krankenkasse 46, 207
Telearbeit 15, 17, 18, 27, 30, 31, 32, 39, 80, 81, 85, 201, 207
Tweet 148

**U**

Unfallschutz 85
Unfallverhütungsvorschrift 80, 81, 96
Unfallversicherung 84, 85, 120

**V**

Verspannung 173
VIAS Studie 32
Videokonferenz 52, 53
vollständige Telearbeit 17
VPN 190, 195

**W**

Werbungskosten 102, 105, 113, 115, 116, 119, 198
Wertschätzung 48
Wet flexibel werken 28
WLAN 132

**Z**

Zoom 133
Zuschuss 119
Zutrittsrecht 91, 95, 99

# Warum die erfolgreichsten Menschen von zu Hause aus

Die Coronakrise hat gezeigt: Homeoffice und Remote Work können sehr gut funktionieren und eine Bereicherung für Unternehmen und Mitarbeiter sein. Die Vorteile liegen auf der Hand: Man ist weniger gestresst und hat mehr Zeit, weil etwa lange Arbeitswege entfallen. Man arbeitet konzentrierter und gelangt häufig zu kreativeren Lösungen. Laura Vanderkam erklärt, warum das Homeoffice Privileg und Herausforderung zugleich ist. Wie man den Anforderungen der Arbeit im Homeoffice gerecht wird und dabei den Draht zu Mitarbeitern und Vorgesetzten nicht verliert zeigt sie in diesem Buch. Sie ist überzeugt: Die wenigsten werden je wieder anders arbeiten wollen!

144 Seiten
Softcover
12,99 € (D) | 13,40 € (A)
ISBN 978-3-86881-830-7

---

www.redline-verlag.de

REDLINE | VERLAG

# Mit Morgenroutine mehr im Leben erreichen

Während einige morgens mehrmals die Snooze-Taste drücken, trainieren andere bereits für einen Halbmarathon. Wenn die einen Schwierigkeiten haben, ihre Kinder last minute für die Schule fertig zu machen, haben andere Spaß am Familienfrühstück und organisieren bereits das Nachmittagsprogramm.

Laura Vanderkam beschäftigt sich seit vielen Jahren mit Zeitmanagement und weiß: Menschen, die viel erreichen, nutzen ihre Morgenstunden dafür. Sie zeigt, wie man die Zeit am Morgen richtig nutzt und Gewohnheiten entwickelt, die zu einem glücklicheren und produktiveren Leben führen. Der perfekte Ratgeber, um jeden Tag optimal und entspannt zu starten.

208 Seiten
Softcover
12,99 € (D) | 13,40 € (A)
ISBN 978-3-86881-831-4

---

www.redline-verlag.de

REDLINE | VERLAG